阅读强 | 少年强 | 中国强

专家审定委员会

贾天仓　河南省语文教研员
许文婕　甘肃省语文教研员
张伟忠　山东省语文教研员
李子燕　山西省语文教研员
蒋红森　湖北省语文教研员
段承校　江苏省语文教研员
张豪林　河北省语文教研员
刘颖异　黑龙江省语文教研员
何立新　四川省语文教研员
安　奇　宁夏回族自治区语文教研员
卓巧文　福建省语文教研员
冯善亮　广东省语文教研员
宋胜杰　吉林省语文教研员
董明实　新疆维吾尔自治区语文教研员
易海华　湖南省语文教研员
潘建敏　广西壮族自治区语文教研员
王彤彦　北京市语文教研员
张　妍　天津市语文教研员
贾　玲　陕西省西安市语文教研员

励志版丛书的六个关键词

温儒敏老师曾指出："少读书、不读书就是当下'语文病'的主要症状，同时又是语文教学效果始终低下的病根。"基于这一现状，励志版丛书在激发中小学生读书兴趣、培养其良好的阅读习惯的同时，旨在通过对经典名著的价值解读，培养学生一生受用的品质。

第一个关键词：权威版本——阅读专家主编、审定的口碑版本

励志版丛书由朱永新老师主编，另有十余个省市自治区的教研员组成的专家审定委员会，对该丛书进行整体审定。采用口碑版本，权威作者、译者、编者，确保每本书的经典性和耐读性。

第二个关键词：兴趣培养——激发阅读兴趣的无障碍阅读

励志版丛书根据权威工具书对书中较难理解的字词、典故及其他知识进行了无障碍注解。此外，全品系的精美插图，配以言简意赅的文字，达到"图说名著"的生动效果，使学生由此爱上阅读。

第三个关键词：高效阅读——名师指导如何阅读经典

励志版丛书的每一本名著都由一位名师进行专门解读，同时就"这本书""这类书"该怎么读提供具体的阅读策略和方法指导。让读书有章可循，有"法"可依。让学生通过精读、略读、猜读、跳读等多种阅读方法，快速完成优质高效的阅读，会读书、读透书。

第四个关键词：阅读监测——国际先进的阅读理念

读一本书的过程就是让这本书与自己的生命发生关系的过程。当我们开始阅读一本书时，就是与这本书、与自己，达成某种隐形的"契约"。为此，我们在书里特别设计了阅读监测栏目，让学生实现自我鞭策和监督。

第五个关键词：价值阅读——品格涵养价值人生

通过有价值的阅读培养学生诚信、坚忍、专注、勇敢、担当、善良等一生受用的品质，契合教育部最新倡导的"读书养性"的理念。

第六个关键词：经典书目——涵盖适合学生阅读的三大书系

涵盖适合学生阅读的三大书系——新课标、部编教材、中小学生阅读指导书目，充分体现了"每一本名著都是最好的教科书"的理念。

简言之，我们殚精竭虑，注重每一个细节。因为，一个人物，拥有一段经历；一段故事，反映一个道理；一本好书，可以励志一生。让名著发挥它人生成长导师的基本功能吧！

励志版丛书编委会

中小学生
阅读指导丛书

彩插励志版

朱永新◎总主编　闻　钟◎总策划

森林报·冬

〔苏联〕维·比安基◎著　沈念驹　姚锦镕◎译

商务印书馆
创于1897 The Commercial Press

图书在版编目（CIP）数据

森林报．冬 /（苏）维·比安基著；沈念驹，姚锦镕译．—北京：商务印书馆，2021
（中小学生阅读指导丛书：彩插励志版）
ISBN 978-7-100-19351-1

Ⅰ．①森…　Ⅱ．①维…　②沈…　③姚…　Ⅲ．①森林—青少年读物　Ⅳ．①S7-49

中国版本图书馆CIP数据核字（2021）第005971号

森林报·冬

〔苏联〕维·比安基　著　沈念驹　姚锦镕　译

插图绘制：杨　璐

商　务　印　书　馆　出　版
（北京王府井大街36号　邮政编码100710）
商　务　印　书　馆　发　行
德富泰（唐山）印务有限公司印刷
ISBN 978-7-100-19351-1

2021年1月第1版　　开本710×1000　1/16
2021年1月第1次印刷　　印张10　彩插16

定价：16.80元

为青少年创造有价值的阅读

（代总序）

读过经典和没有读过经典的青少年，其人生是不一样的。朱永新先生曾言：“一个人的精神发育史就是他的阅读史。”那么，什么样的书才是经典？正如卡尔维诺所言：“经典是那些你经常听人家说‘我正在重读……’而不是‘我正在读……’的书。”

阅读的重要性，毋庸赘言。而学会阅读，则是青少年成长所需的重要能力。那么，如何学会阅读？如何阅读经典？什么才是有价值的阅读？

“多读书，好读书，读好书，读整本的书”，这一理念已经得到众多老师和家长的认可。阅读的方法有很多种，除了精读，还有略读、跳读、猜读、群读等，这些方法都是有用的，本套丛书也给出了具体方法。我想强调的是，为青少年创造有价值的阅读，才是本套丛书的核心要点。我们一直力图在青少年“如何读名著”上取得突破，让学生在阅读中有更多的获得感。

我们主要从以下五个方面发力：

一、精选书单：涵盖适合学生阅读的书目

为了让学生读好书、读优质的书，我们精选书单，历年中小学语文教材推荐书目和《教育部基础教育课程教材发展中心 中小学生阅读指导目录》，都是本套丛书甄选的范畴。

二、强调原典：给学生提供最好的阅读版本

原典，即初始的经典版本。为了给学生寻找最好的版本，呈现原汁原味的文学经典，本套丛书的编辑们，以臻于至善的工匠精神，在众多的版本中进行

对比甄选、版权联络，如国外经典名著译本均为著名翻译家所译，为青少年的阅读提供品质保障。

三、关注成长：注重培养学生的优秀品格

通过阅读培养青少年的品格，是本套丛书的核心理念。每一本书的主题及重要情节，都旨在培养学生的品格与素养，如诚信、坚忍、专注、勇敢、博爱、担当、善良等。为此，我们在每本书中设置了“如何进行价值阅读”等栏目，目的便是使学生形成受益一生的品质、品格。

四、注重方法：让阅读真正能够深入浅出

经典难读、难懂，学生难以形成持续阅读的习惯，针对这一现象，编辑们对本套丛书的体例进行了研发与创新。他们根据每本书的特点，从阅读指导、体例设计、栏目编写等方面，有针对性地将精读与略读相结合，对不同体裁的作品，推荐不同的阅读方法，让阅读真正能够深入浅出，让学生在阅读中有获得感，体会到读书的乐趣，最终养成持续阅读的习惯。

五、智慧读书：融合国际先进的阅读理念

为什么以色列的孩子和美国学生的创新能力都比较突出？这与他们先进的阅读理念是密切相关的。为此，我们引入了“科学素养阅读体系”。在阅读前，设置“阅读耐力记录表”；在阅读后，设置“阅读思考记录表”。这样能够实时记录阅读进度和成果，从而帮助学生养成总结、记录、思考的良好阅读习惯。

21 世纪最重要的能力之一是学会阅读。让学生学有所成，一个重要的前提就是让阅读成为习惯。当你的孩子学会了阅读、爱上了阅读，他便学会了如何与这个世界相处，他将获得源源不竭的成长动力，终身受益。

以阅读关注青少年的成长，是我们始终不变的初衷；让“开卷”真正“有益”，是我们始终探寻的方向；为青少年创造有价值的阅读，是我们的终极梦想。想必这也是学生、家长和老师一直喜爱我们的书的原因吧！

闻钟

2020 年 6 月

于北京北郊莽苍苍斋

名师导读

经历了春夏秋三季的伙伴，欢迎来到冰雪大世界！森林中多变的四季将以寒冷沉寂收尾。临近寒冬，气温发生了明显的变化，森林里的动植物都在为能平安度过这个冬天而做准备。面对即将到来的严寒，大自然已经备好了厚厚的“棉被”，只等气温回升，鸟兽出洞，再迎新春。专属于冬季的奇妙时光，就让我们一起度过吧！

冬季的森林是什么样的呢？白雪皑皑，北风呼啸，动物变少了，植物沉睡了，大自然的生机悄悄潜藏进了冰雪之中。森林里，冬季的雪要下很久，在这样的低温环境下，我们的动物朋友要怎么熬过去？寒冷已经够受的了，还有饥饿的问题，食肉者苦于猎物减少，食素者哀叹植物凋落，大自然的法则在这时就显得有些冷酷无情，但是还会有一些令我们兴奋、激动的故事，这些故事让整个冬季更加鲜活。

《森林报·冬》是维·比安基所著的一本有关冬季森林的科普读物，以新闻播报的形式进行创作，以《森林报》编辑部所收稿件作为主要播报内容，每月一期，冬季分三期，分别为小道初白月（冬一月）、忍饥挨饿月（冬二月）、熬待春归月（冬三月）。每期都会有一些固定主题，但随着时间的推移，故事的情节也在不断变化：从雪地之书上出现许多奇奇怪怪的“文字”，到根据“文字”捕猎野兽、寻得真相；从身受暴风雪摧残而断送生命，到暴风雪后难得的美餐；从忍受饥寒瑟瑟发抖，到初见春意纵声高歌。冬季的森林在以自己的方式构建自然的秩序。而此时的人们也在和动植物们一起经历着同样的冬季，相比之下人类在面对严寒时就更加富有智慧，他们制作工具捕猎野兽、凿冰垂钓、培育幼苗，为抵抗严寒、迎接暖春做着不懈的努力。

无论在森林农庄，还是田野平原，随处可见的白雪让我们仿佛置身于冰雪的世界。这个世界不再有喧嚣吵闹，也不再绚丽多彩，所有的纷繁似乎都已覆于雪下。太阳在大部分时间里流转于南方，北国的世界由冰雪接管。在纬度越高的地方，天气就越寒冷，作者维·比安基就是在高纬度的国家——也就是现在的俄罗斯——写下《森林报》的。在我国北方的冬季，人们都会穿上臃肿的羽绒服，盖上厚厚的棉被，即便这样还是会觉得寒冷无处不在。而在俄罗斯，这样的寒冷根本不算什么，本书讲的就是有关这片土地在冬天所发生的诸多故事，有森林的、有都市的、有农庄的、有田野的，有些是作者的亲身经历，有些是口口相传的逸闻，这里总会有令人感兴趣的故事，静待我们的探索与发现。准备好迎接这个神秘的世界了吗？让我们一起开启这场阅读之旅吧！

本书内容建议用10天的时间进行阅读。具体的阅读规划可以参照下表。

阅读阶段	建议用时	阅读规划
第一阶段	6天	1. 整体阅读本书，在这一阶段留心观察身边的一种植物，学写观察日记。 2. 体会生动的语句，试着一边读，一边想象作者所描绘的画面
第二阶段	3天	1. 挑选一则你感兴趣的纪事内容（如林间纪事、农庄纪事等），对这则纪事内容在三个月中所发生的变化进行简单复述。 2. 将“哥伦布俱乐部”的内容进行整体阅读，把自己的想法记录下来
第三阶段	1天	1. 利用好书后的“积累与运用”板块，将自己认为有意义、有价值的内容记录下来。 2. 重点品析作者对自然景物的描写手法，摘抄写得准确、形象的句子

怀着对大自然的热爱与好奇，我们一起走过了春、夏、秋这三个季节，如今即将进入一年中的最后一季——冬。时间过得真快，跟随着作者的文字，我们已经在书中度过了整整一载，《森林报》让我们认识了森林中新的生活方式、新的朋友以及关于它们的新奇故事。统观春、夏、秋、冬，有没有让你印象深刻的动物或植物，它们是在哪个季节被你记住的？不妨来做一个时间轴，帮助我们将它们的故事留在记忆中。

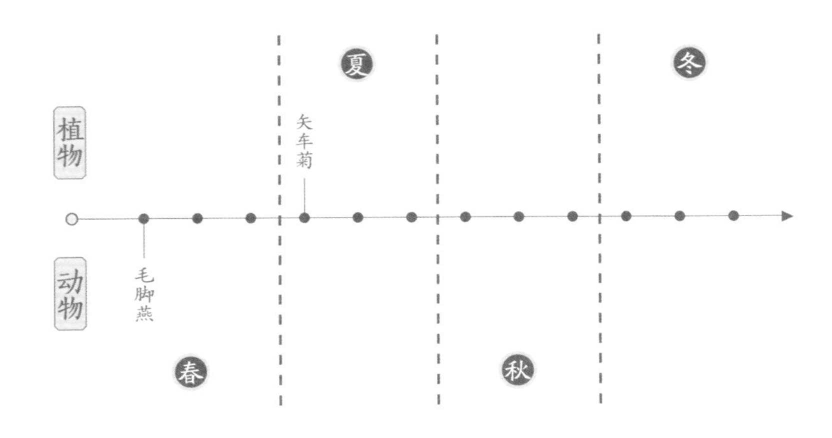

此外，在阅读时，请在阅读耐力记录表上做相应的记录，有计划地完成整本书的阅读。相信按照这样的阅读方式，我们终会学有所得、读有所获。让我们一起走进冰雪森林，感受苦寒之下的生命力量吧！

阅读耐力记录表

请诚实记录你的每日阅读时长，养成阅读好习惯

本书阅读统计

开始时间:____年__月__日

结束时间:____年__月__日

最喜欢的月份:

最喜欢的动物:

最难忘的故事:

表格说明

该表格横轴是日期，竖轴是每天不间断的阅读时间，不可以一会儿读书一会儿去做其他事情。记录的时候每天在相应的格子里画个圈。读完本书之后，就可以把所有的圈连起来，形成一条曲线，仔细观察这条曲线，看看自己的阅读耐力是否有所增强。

60分钟										
55分钟										
50分钟										
45分钟										
40分钟										
35分钟										
30分钟										
25分钟										
20分钟										
15分钟										
10分钟										
5分钟										
	第1天	第2天	第3天	第4天	第5天	第6天	第7天	第8天	第9天	第10天

图说

笨重的鹈鹕在喙下面挂着一只大袋子，和我们的灰野鸭及小水鸭一起捉鱼吃。我们的鹬在红羽毛的美男子火烈鸟高高的双腿间穿梭往回。

图说

恰好这时，莫斯科的新年钟声敲响了——整片森林响彻着这庄严的声音：时逢子夜，新年到了。云雀在天际唱起了婉转的歌声，而幸福的母子俩则紧紧地拥抱在一起。

图说

狼吓得蹿到了一边，夹紧了尾巴——随即溜之大吉。森林之主——熊大人大驾亲临了。这时，谁也别想靠近。

走在前面的一头狼已经赶上颠簸着的那袋雪。猎人瞄准了它肩胛以下的地方，扣动了扳机。前面的那头狼一个跟头滚进了雪地里。猎人把另一个枪筒里的子弹打了出去——对着另一头狼，但是马冲了起来，他打偏了。

图说

一个渔夫在涅瓦河口芬兰湾的冰上走路。经过一个冰窟窿时，他发现从冰下伸出一个长着稀疏的硬胡须的光滑脑袋。渔夫想，这是溺水而亡的人从冰窟窿里探出的脑袋。但是，突然那个脑袋向他转了过来，于是，渔夫看清了这是一头野兽长着胡须的嘴脸，外面紧紧包着一张长有油光短毛的皮。原来是一头海豹。

图说

小鸟潜到水底，在那里快跑起来，用尖尖的爪子抓住沙子。在一个地方稍稍逗留了一会儿。它用喙翻转一块小石头，从下面捉出一个黑色的水甲虫。

如何进行价值阅读

——《森林报·冬》一书以文中的故事为例进行解读

故事简介

冬季，凛冽的寒风入侵森林，持续不断的降雪覆盖大地。在自然面前众生平等，人与动植物都在饥寒中渴求着春天。动物们要凭自己的本事经受住自然的考验，人们要更加努力地劳动——为温饱、为生计。在这个冬季，我们依旧可以看到人类与动物在面对自然时所做出的一系列举动，这些举动背后的价值与意义是值得我们思考的：森林中的动物严格地遵循着自然法则有序进餐；经验丰富的猎人经过长年累月的积累练就了“明察秋毫”的本领；傲慢的城里人在捕熊的过程中险些丧命……在这里我们能看到，狩猎场上的斗智斗勇，森林里的忍饥挨饿，城市中的温暖美好，农场里的辛勤劳作，而这一切都预示着：这个冬天，已然来临。

价值解读

1. 关于善良

在寒冷的冬季，森林里的小动物们受着饥饿与寒冷的威胁，这时，居于城市中的人们向这些可怜的小生灵伸出了援助之手，为它们搭建窝棚，给它们提供食物，用温暖的善意迎接森林朋友的到来，这让不少动物成功地度过了这个冬天。

善良不光体现在人与人之间，也可以体现在人与动物之间。善良不仅仅是一个简单的举动，它更是一种对生活的态度，是一种美德、一种选择。我们要永葆善良之心，共同营造和睦友善的家园。

2. 关于积累

经验丰富的猎人对猎物的足迹行踪、生活习性，甚至是禀性特点都掌握得一清二楚。这样的熟悉，离不开无数次的捕猎行动，离不开捕猎时的细微观察。在一次次的积累过程中，猎人的捕猎技术在不断熟练，经验在不断增加。狩猎场上的胜利是靠猎人们持续积累经验取得的。

第一次处理问题，我们可能会不熟练、不及时，但经过许多次的经验积累，我们就会处理得愈发纯熟，对问题的理解也会愈发深刻。知识与能力都是一点点累积起来的，在实际生活中，我们应该不断地积累经验与技能，学会总结与巩固，让自己变得更加强大。

3. 关于虚心

在“对熊的围猎”中，新来的猎人很是看不起像塞索伊·塞索伊奇这样的村里人，还极力炫耀吹嘘自己的狩猎经历以及狩猎工具，但在真正的狩猎过程中，他却因自己的傲慢差点儿丧命，最后还是队友的帮助才让他摆脱了危险，得以安然无恙地回去。

虚心是一种美德，它让我们时刻审视自己，不断提高自己的能力。虚心可以拓宽我们的知识与视野，结交更多有能力的朋友。虚心让我们知不足、常进取，让我们认识到在自己的小天地之外还有更大更广阔的世界。让我们怀揣一颗谦逊之心，在人生旅途中努力前行。

目录

目录

目录

目录

小道初白月

（冬一月）

12 月 21 日至 1 月 20 日　　太阳进入摩羯星座

一年——分 12 个月谱写的太阳诗章

12 月——天寒地冻的时节。12 月为严冬铺路，12 月把严冬牢牢钉住，12 月把严冬挂在身上。12 月是一年的终结，是严冬的起始。

河水停止了流淌——即使汹涌的河水也被坚冰封冻了。大地和森林都已银装素裹。太阳躲到了乌云背后。白昼越来越短，黑夜正在慢慢变长。

皑皑白雪之下埋葬着多少死去的躯体！一年生的植物如期地成长、开花、结果，然后化为齑粉（细粉，碎屑。齑，jī），复归自己出生的土地。一年生的动物——许多小小的无脊椎动物也如期化作了齑粉。

然而植物留下了籽，动物产下了卵。太阳仿佛死公主童话中的漂亮王子（出自普希金的童话诗《死公主和七勇士的故事》，该故事情节与《白雪公主》类似），如期地用自己的亲吻唤醒这些生命，重新从土壤里创造出鲜活的躯体。而多年生的动植物则善于在北国整个漫长的冬季维护自己的生命，直至新春伊始。要知道严冬还未及开足马力，太阳的重生日——12 月 23 日已为期不远！

太阳又会返回人间。生命也会跟随着太阳重生。

然而，必须得先熬过漫漫严冬。

冬天总要有一场声势浩大的降雪才算完整。被白雪覆盖的大地干净又平整，那些雪后出来活动的生灵将各不相同的印记留给了大地，远远看去像是与大自然一同创作了一本雪地之书。这本书中会记录哪些故事呢？让我们一起翻开它看一看吧。

冬季是一本书

皑皑白雪覆盖了整个大地。现在，田野和林间空地就如一册巨大书本上平整洁净的纸页。无论谁在上面经过，都会写上：某人到过此地。

白天，雪花纷纷扬扬。雪停后，留下了洁白的书页。

清晨你走来一看：洁白的书页上盖满了许多神秘的符号——线条、句号、逗号。这表明夜里许多林中的居民到过此地，走过、跳过，还做过什么。

是谁来过这里？做了什么？

应当赶快弄清这难解的符号，阅读这神秘的文字。又是大雪纷飞，此时仿佛有人将书翻过了一页——只是眼前又出现了洁净、平整的白色纸页。

它们怎么读？

在冬季这本书里，每一位林中居民都用自己的笔迹、自己的符号书写了内容。人们正在学习用眼睛辨认这些符号。如果不用眼睛读，还能怎么读呢？

动物会用鼻子阅读。比如狗就常用鼻子来读冬天这本书里的符号："狼来过这里"或者"兔子刚刚从这儿跑过"。

动物的鼻子学问大得很，怎么也不会弄错。

它们各用什么书写？

野兽一般是用爪子写。有的用整个脚掌写，有的用四个脚趾写，有的用蹄子写，也有的用尾巴写，用嘴写，用肚子写。

鸟类用爪子和尾巴写，也有用翅膀写的。

简单地书写和书写时耍的花招

我们的记者学会了在冬季这本书里读出林中发生的各种故事。获取这方面的学问可不是一件轻而易举的事——并非每一位林中居民留下的都是简单的笔迹，有的在书写时是耍了花招的。

松鼠的笔迹很容易辨认和记住，它在雪地上跳跃的动作就如我们做跳背游戏：用短短的前趾作支撑，长长的后腿分得很开，远远地向前跨越。两个前趾留下的脚印小小的，就是两个圆点，彼此并排。后腿留下的脚印长长的，是张开的，仿佛一只小手张开细细的手指按下的印痕。

老鼠的笔迹虽然很小，但也很简单，清晰易辨。老鼠从雪地里爬出来时，经常先绕个圈，然后才笔直地跑向要去的地方，或回到自己的洞穴。这时，雪地里留下了长长的两行冒号，两个冒号之间的距离相等。

鸟类的笔迹——就说喜鹊的吧——也容易辨认。前面三个脚趾印在雪上的是十字形，后面第四个脚趾按下的是破折号（笔直的一条短线）。十字形的两边是翅膀上的羽毛留下的印记，像手指一样，

而且一定有个地方有它长长的梯形尾巴擦过的痕迹。

所有这些痕迹都没有耍过花招，一看便知，松鼠就在这儿下了树，在雪地里跳了一段路，又跳回到了树上。老鼠从雪地里跳了出来，跑了一阵，转了几个圈儿，又钻进了雪地里。喜鹊停在雪地里，"笃、笃、笃"地啄着雪面上硬硬的冰壳，用尾巴在雪上拖着，用翅膀打着雪地，然后——再见吧。

但是，辨认狐狸和狼的笔迹就不一样了。由于不常见，你可能一下子就懵住了。

小狗和狐狸，大狗和狼

狐狸的脚印和小狗的脚印相似，区别在于狐狸把爪子握成一团，脚趾握得紧紧的。

狗的脚趾是张开的，所以它的脚印比较松散。

狼的脚印像大狗的脚印，区别也相同：狼的脚趾从两边向里握紧。狼留下的脚印比狗留下的脚印长，也更匀称。脚爪和掌心的肉垫打的印痕更深。同一脚掌的印痕上，前后爪之间的距离比狗的大。狼脚掌的前爪留下的印痕常合并成一个。狗脚爪的肉垫留下的印痕是相连的，而狼不是。（比较狗、狼和狐狸的脚印）

这是基础知识。

（狐狸）

（狗）

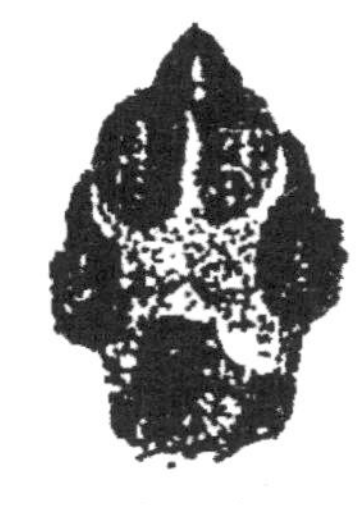

（狼）

阅读狼的脚印特别费神，因为狼喜欢布迷阵，把自己的脚印搞乱。狐狸也一样。

狼的花招

狼在行走或小步快跑时，右后脚齐齐整整地踏在左前脚的脚印里，左后脚则踏在右前脚的脚印里。因此它的脚印像沿着一根绳子一样，排成一列，延伸而去。

你望着这样的一行脚印，可能会解读为："有一头身高体大的狼从这儿过去了。"

你恰恰弄错了！正确的解读应当是："这里走过了五头狼。"前面走的是头聪明的母狼，它后面跟着一头老狼，老狼后面是三头年轻小狼。

它们是踩着脚印走的，而且走得那么齐整，简直让人想不到这会是五头野兽的足迹。要成为白色小道（猎人如此称呼雪地上的足迹）上一名出色的足迹识别者，就得练就非常好的眼力。

冬季的森林

严寒会冻死树木吗？当然会。

假如整棵树直至中心部位都结冰了，它就会死亡。在特别严酷少雪的寒冬，我们这儿不少树木会被冻死，其中大部分是树龄较小的树。要是树都不留一手，为自己保存热量，使严寒不能深深地透入体内，那么所有的树都完了。

吸收养料、生长、繁育后代，这一切都要耗费大量的能量。所以树木在夏季就积蓄力量，快到冬季时就不再接受营养，停止吸收养料，停止生长，不再消耗能量去繁殖后代。它们变得几乎没有生命活动，进入了深沉的睡眠状态。

叶子会散失许多热量，那么到冬天就得把叶子清理掉。树木就

从自己身上甩掉叶子，和它们断绝关系，以便在体内保存维持生命所必需的热量。再说从枝头坠落、在地上腐烂的树叶，本身就提供了热量，保护了柔弱的树根免遭冰冻。

不仅如此！每一棵树都有保护躯体抵御严寒的铠甲。在整个夏季，树木都在树干和树枝的皮下储备多孔的韧皮组织——没有生命的填充层。韧皮层不透水也不透气，空气滞留在它的细孔内，可以阻止热量散失。树龄越大，它皮下的韧皮层就越厚，这就是老而粗的树比年轻、枝干较细的树更能耐寒的原因。

光有韧皮层这副铠甲还不够。如果严酷的寒冷连这也能透过，那么它还会遭遇植物体内化学物质的有效抵御。在冬季到来之前，树的液汁里积蓄了各种盐分和可转化为糖的淀粉，而盐和糖的溶液是十分耐寒的。

不过，最好的御寒物是蓬松的白雪罩子。细心的园丁会有意将怕冷的年轻小果树压向地面，并给它们撒上雪，因为这样它们会暖和些。在多雪的冬季，白雪犹如给森林盖上了一条羽绒被，这时任何严寒都不会使森林感到害怕了。

不管严寒如何凶狂肆虐，它都冻不死我们北方的森林！

我们的鲍瓦王子在任何严寒和暴风雪面前都岿然不动（高大独立一动不动的样子。岿，kuī）。

在白雪覆盖的草甸上

周围白茫茫的一片，积雪很深。想到现在大地上除了皑皑白雪外已经一无所有，所有的鲜花早已凋零，所有的芳草也已枯萎，心中不免伤感。

人们通常都会这样想。他们还会自我安慰说：“那有什么办法呢，大自然就是这么定的嘛！”

我们对大自然的了解是多么不足！

今天是一个晴朗和煦的日子。我享受着这样的好天气，乘上滑雪板前往草甸，去清除试验地上的积雪。

我把雪清除干净了。太阳照到了草甸上的植物，照到了紧贴着结冰地面的莲形叶丛、钻出干燥草皮的尖尖的鲜嫩叶芽、被雪压得倒伏在地的各种绿色草茎。

我从中找到了有毒性的毛茛（多年生草本植物，植株有毒，可入药。茛，gèn），它的花儿一直开到冬季来临。在雪下它还保存着所有花朵和花蕾。连花瓣都没有散落！

你们知道我的试验地上有多少种不同的植物吗？62种。其中36种至今依然碧绿，5种还在开花。

现在你不会再说，在冬季一月，我们的草甸上既没有草也没有花了吧！

H. M. 帕甫洛娃

成长启示

寒冷的冬天会呈现出百花凋零、芳草枯萎的衰败景象，但事实真是如此吗？我们阅读过文章就会发现：在冬季，还是有很多生物在迎着阳光努力生长，尽管它们不易被发现。它们就像是冬天的礼物，需要你用心寻找、仔细观察。同样，生活中有很多地方也值得我们仔细观察、认真考证。让我们在观察考证的过程中收获更多意想不到的惊喜吧！

要点思考

1. 通过阅读，你还知道有哪些植物在冬季努力生长？

2. 请仔细观察，在你身边，冬季的雪地之书上都出现了哪些动物的足迹？

追随着雪地印记，我们不知不觉地来到了森林里。在这个鲜有人烟的自由王国，这些动物的足迹为我们还原了诸多场景，同时也帮助着那些饥饿的小家伙去追踪捕猎、规避风险，但也有些小迷糊因为误认了猎物而发生了很多尴尬事。

林间纪事

下面是我们的驻林地记者在白色小道上读到的几则故事。

缺少知识的小狐狸

小狐狸在林间空地看见了老鼠留下的一道道小小的字。

“啊哈，”它想道，“现在我们有吃的了！”

它认为得用鼻子好生阅读一番，看是谁来过这儿。它只看了一眼就知道了：看，足迹原来通到了那里——一丛灌木旁边。

它悄悄地向灌木逼近。

它看见雪里有一个灰色皮毛、拖着小尾巴的小东西在动。“嚓”，它一口咬住！牙齿间马上传出了咯吱声。

呸！这么难闻的讨厌东西！它把小兽一口吐掉，跑到一边赶紧吞上几口雪——但愿能用雪把嘴巴洗干净。那么难闻的气味！

就这样，它仍然没能吃上早餐，只是白白地把一只小兽糟蹋了。

那只小兽不是老鼠也不是田鼠，而是鼩鼱（qújīng）。

它远看像老鼠。但近看马上就能发现：鼩鼱的吻部前伸，背部弓起。它属于食昆虫的动物，和鼹（yǎn）鼠、刺猬是近亲。任何一个有知识的野兽都不会碰它，因为它能散发出可怕的气味：麝（shè）香的气味。

可怕的爪印

本报驻林地记者在树下发现了一个个很长的爪印，这简直把他们吓了一大跳。爪印本身倒并不大，和狐狸的脚印差不多，但爪痕又深又直，像钉子一样。如果肚子被这样的爪子抓一下，保管能把肠子抓出来。

他们小心翼翼地顺着这行爪印走去，来到一个大洞边——这里的雪面上散落着兽毛。

他们仔细察看了兽毛——直直的，相当硬，但不脆，白色，末端是黑的。画笔就是用这样的毛制作的。

他们马上就清楚了：洞里住的是獾，是一头忧郁的野兽，但不怎么可怕。看来在解冻的天气里，它出洞散步去了。

驻林记者们仅仅根据兽毛就知道了洞里住的是獾。可见，丰富的知识积累是多么的重要。

白雪覆盖的鸟群

一只兔子在沼泽地上跳跳蹦蹦地前行。它从一个个草墩上跳过去，突然嘣的一声——从草墩上滑落，跌进了齐耳深的雪地里。

这时，兔子感觉到雪下面有活物在动。就在同一瞬间，在它周围，随着翅膀振动的声音，从雪下面飞出一群柳雷鸟。兔子吓得要命，马上跑回了林子。

原来是整整一群柳雷鸟生活在沼泽地的雪地里。白天它们飞到外面，在雪地里走动，用喙挖掘觅食，吃饱以后又钻进了雪地里。

它们在那里既暖和又安全。谁会发现它们藏在雪下面呢？

柳雷鸟聪明地利用了沼泽地里的积雪来保暖和隐蔽，既暖和又安全，对柳雷鸟来说，这里简直就是天堂！

雪地里的爆炸和获救的狍子

本报记者好久都没有猜透雪地里由足迹书写的一件事。

起先是一行小小窄窄的蹄印，安安稳稳地向前延伸着。要解读它并不难：一头狍子在林子里走动，并未感到灾难的临近。

突然一旁出现了硕大的爪印，而狍子的蹄印是跳跃式前进的。

这也很明白：狍子发现密林里出来一头狼，正挡住了它的去路，朝它奔来。

接着狼的脚印越来越近——狼开始追赶狍子了。

在一棵倒下的大树边，两种脚印完全搅在了一起。显然，狍子越过了粗大的树干，这时狼也嗖地一下跟着跃了过去。

树干的那一边有一个深坑：坑里的雪被翻乱了，散落在四处，仿佛有一个巨大的炸弹在雪下炸开了。

这以后，狍子的足迹转向了一边，狼的足迹转向了另一边，而中间不知从哪里冒出了一种巨大的脚印，很像是人的脚印（当人赤脚走路时），但是带有歪斜的可怕爪痕。

雪里面埋的是什么样的炸弹？这新出现的脚印是什么动物的？为什么狼蹿到了一边，而狍子蹿到了另一边？这里发生了什么事？

我们的记者绞尽脑汁，久久地思索着这些问题。

最后，他们弄清楚了这些巨大的脚印是什么动物的，至此所有问题都迎刃而解了。

狍子凭借自己腾空的四蹄轻松地越过了倒地的树干，又继续向前奔逃而去。狼跟着它也跳跃起来，但是因为身体太重，没能越过。它从树干上滑落，嘭地一下跌进了雪里，而且跌进了一个熊洞，这个洞正好在树干下面。

熊从睡梦中惊醒，就跳出洞去，于是四周的雪呀、冰呀、树枝呀什么的被搅得一塌糊涂，仿佛被炸弹炸过似的。熊奔跑着逃进了森林（它以为猎人来了）。

狼一个跟头翻进雪窝里，一看到这么大的一个身躯，早忘了狍子，只顾拔腿就跑。

而狍子早就不见了踪影。

在雪海的底部

对于生活在田野和森林的动物来说，没有比初冬时节的少雪天气更坏的事了。光秃秃的大地上，冰冻层越来越厚，洞穴里变得很冷。鼹鼠就吃尽了苦头，艰难地用自己铲状的爪子挖掘着冻得坚似岩石的泥土。不知老鼠、田鼠、伶鼬（yòu）、白鼬感觉又如何呢？

终于下雪了。雪下了又下，已不再融化。干燥的雪海覆盖了整个大地。人踩到雪里就会没到膝部，而花尾榛鸡、黑琴鸡甚至松鸡则连头也钻进了雪里。老鼠、田鼠、鼩鼱——所有不冬眠的穴居小兽都走出地下的居所，在雪海的底部四处奔跑。凶猛的伶鼬犹如一头瘦小的海豹，不知疲倦地在雪海中潜进潜出。它蹿到外面待上一会儿，四下里观望着——看有没有花尾榛鸡在雪地里露头，然后又潜入了底部。不露身影的小兽，就这样悄悄地在雪下逼近鸟类。

雪海的底部要比表面温暖得多，冬季的死亡呼吸——凛冽的寒风吹不到那里。严寒无法透过由干燥的雪变成的厚厚的覆盖层到达地面。许多穴居的鼠类直接在雪下的地面上营造自己的冬巢，犹如离家住进了度冬的别墅。

就有这样一件事！一对短尾巴的田鼠用草和毛筑的小窝就在地面上——在一丛撒满白雪的灌木的枝杈上。从窝里冉冉升起一缕轻盈的热气。

在厚厚积雪下，这个温暖小窝里，赤裸、尚未睁眼的小田鼠刚刚降生！而当地的温度却是零下20摄氏度！

在寒冷的冬季，依旧有生命在孕育，饥寒虽覆盖了整个森林，但初生的希望之光也在冉冉升起。

冬季的中午

在一个阳光明媚的中午，白雪覆盖的森林里悄无声息。在隐秘的洞穴中沉睡的正是洞主自己——熊。它的上方，在挂着沉甸甸积雪的灌木丛和乔木的枝叶间，仿佛有一个个童话故事中富丽堂皇的屋宇——有着拱顶、空中走廊、台阶、窗户，以及尖尖屋顶的奇异小楼。这一切都是无数疏松的雪花骤然间闪烁和变幻出来的。

沉甸甸的积雪错落有致地落在了不同高低、形状的物体上，仿佛变成了一座座奇异小楼，作者形象的比喻让我们如身临其境一般。

犹如从地底下钻出来似的，一只小鸟跳了出来，小嘴尖尖的，像把锥子，小尾巴翘着。它轻轻一飞，飞上了一棵云杉的树顶，发出了悠扬婉转的啼鸣，响彻了整片林子！

这时从白雪构成的屋宇下方，地下居室的小窗里，突然露出了一只目光呆滞的绿眼睛……莫非春天提前降临啦？

那是洞主的眼睛。熊总是在自己进洞睡觉的一面留一个小窗——森林发生的事儿可不少啊！没什么情况，宝石般晶莹的房屋里安安静静的……于是那只眼睛消失了。

小鸟在结冰的枝头上东啄西啄了一会儿，便钻进了一个树墩上像帽子般的积雪里，那里有用软和的苔藓和绒毛铺垫的温暖的冬窝。

冬季的森林里一切都停工了，可人们的工作还没有结束。伐木工人们忙着采伐木材，运送木材；农庄庄员们挑选树种，检查幼苗；猎人们开始补充鸟食，安置喂食点；铁路员工培育用于加宽林带的树苗。劳动者的身影在冬季也不曾停歇。

农庄纪事

树木在严寒的天气里沉睡，它们体内的血液——液汁都冻结了。森林里，锯条不知疲劳地发出叫声。采伐木材的作业贯穿整个冬季。冬季采伐到的是最为贵重的木材，干燥而且坚固。

为了将采伐的木材运到开春后流送木材的大小河边，人们把水浇到雪地上制造了宽广的冰路，他们在冰路上驾着冰橇（qiāo），就如驾着敞篷马车一样运送木材。

农庄庄员们正在为迎接春季做准备：选种，检查幼苗。

一群灰色的田鹬（yù）住在谷仓边，飞进了村里。它们要将雪扒开，在深厚的雪下获取食物很艰难，用它们虚弱无力的爪子敲开雪面冰层厚厚的外壳就更难了。

在冬季捕捉它们是轻而易举的事，但这是一种犯罪行为：法律禁止在冬季捕捉无助的灰色田鹬。

聪明而体贴的猎人在冬季给这些鸟儿补充食料，在田头给它们安置喂食点：用云杉树枝搭建的小窝棚，里面撒上燕麦和大麦。

于是，这些美丽的田间公鸡和母鸡就不会在最难熬的冬季死于严寒和饥饿了。到来年夏天，每一对鸟儿又会带来20只以上的小鸟。

集体农庄新闻

H. M. 帕甫洛娃

大雪纷飞

昨天，我在“闪闪发光”集体农庄看望了中学同学、拖拉机手米沙·戈尔申。

给我开门的是他的妻子，一个最会嘲笑人的女人。

“米沙还没有回来，”她说道，“他在耕地。”

我想：“又来嘲弄我了。她想出‘耕地’这两个字来蒙我，也太笨了！就连托儿所里刚会走路的孩子大概也知道冬天是不耕地的。”

所以我就用嘲弄的口气问：“耕雪吗？”

“要不耕什么？当然是耕雪咯。”米沙的妻子回答。

我到处找米沙。说来也真怪——他是在地里。他开着一台拖拉机，机上紧连着一只长长的箱子。箱子把雪拢起来，做成一堵结实的高堤。

“你干吗这样做，米沙？”我问道。

“这是挡风障碍坝。你如果不给风设这么一道障碍，它就在田地里到处游荡，把积雪刮走。秋播作物没有雪就会冻死，应当把地里的雪留住，所以我就开起了我的耕雪机。”

按冬令作息时间生活

现在，农庄的牲口按冬令作息时间表生活：睡觉、进食、散步都按时进行。下面是四岁的农庄庄员玛莎·斯米尔诺娃就这件事对

我们说的话：

“我现在和小朋友们进了幼儿园，所以，奶牛和马儿大概也进了幼儿园。我们去散步，它们也去散步。我们回家，它们也回家。”

绿色林带

沿铁路线伸展着一行行挺拔的云杉，直到远方。“绿色林带”保护铁路免遭积雪的侵害。每年春季铁路员工都在加宽这条林带，栽上几千棵年轻的树木。今年，他们种下了10万棵以上的云杉、合欢、白杨和3000棵左右的果树。

铁路员工在自己的苗圃里培育树苗。

成长启示

冬季树木干燥坚固，可以成为很好的木材，人们就在这个季节采伐；为运输木材，人们想到把水浇到雪地上，利用冻结的冰路运输木材；冬季有禁捕令，猎人们不仅不捕猎，还会体贴地给鸟类补充食料、安置喂食点；庄员们顺应自然的规律行事，即便在寒冷的冬天庄园也依旧充满生机。懂得顺应自然、尊重规律，才能事半功倍，才能享有自然的馈赠，才能与自然和谐共处。

要点思考

1. 通过阅读，你知道在“农庄纪事”中还有哪些行为属于顺应自然、尊重规律的做法吗？

2. 请思考一下，如果人们没有顺应自然规律，将会出现哪些问题？

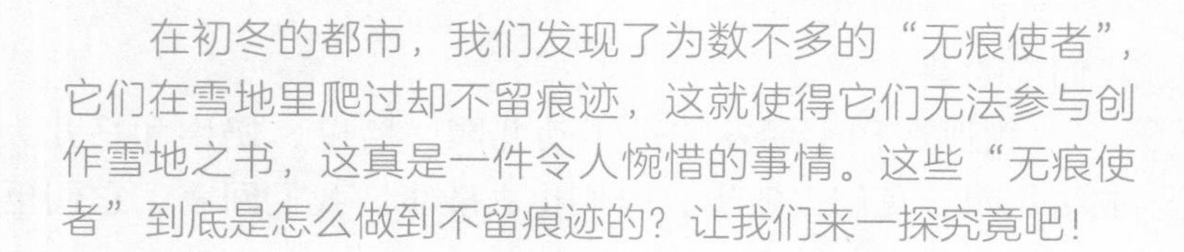
在初冬的都市，我们发现了为数不多的“无痕使者”，它们在雪地里爬过却不留痕迹，这就使得它们无法参与创作雪地之书，这真是一件令人惋惜的事情。这些“无痕使者”到底是怎么做到不留痕迹的？让我们来一探究竟吧！

都市新闻

赤脚在雪地行走

在晴朗的日子里，当温度计的水银柱升到接近零摄氏度时，在花园和公园里，从雪下爬出了没有翅膀的苍蝇。

它们成天在雪上游荡，傍晚时又躲进了冰雪的缝隙里。

在那里，它们生活在树叶下和苔藓中僻静的温暖场所。

雪地里没有留下它们游荡的足迹。这些游荡者身体很轻很小，只有在高倍放大镜下才能看清它们突出的长长嘴脸、从额头直接长出的奇怪的触角和纤细赤裸的腿脚。

国外来讯

有关我们的候鸟生活详情的讯息，从国外发至《森林报》编辑部。

我们的著名歌手夜莺在非洲中部过冬，黄莺住在埃及，椋（liáng）鸟分成几群，在法国南部、意大利和英国旅行。

它们在那里没有唱歌，只关心吃饱肚子，也不筑巢和养育小鸟。它们等待着春季，等待着可以返回故乡的时节，因为“他乡作客好，怎比家中强”。

埃及的熙攘

埃及是鸟类冬季的天堂。浩浩荡荡的尼罗河，连同它无数的支流，迤逦（yǐlǐ，曲折连绵）曲折的河岸，肥沃的河湾草地和田野，咸水和淡水的湖泊与沼泽，温暖的地中海沿岸星罗棋布的海湾——所有这些地方都是数以几十万、几百万计的鸟类现成的丰盛餐桌。夏天这里就已鸟类无数，到了冬天，我们的候鸟也来光顾了。

那拥挤的程度是无法想象的。似乎全世界所有的鸟类都聚集到了这里。在湖泊和尼罗河的各条支流上栖息的鸟类，稠（chóu）密到从远处看不见水的程度。笨重的鹈鹕（tíhú）在喙下面挂着一只大袋子，和我们的灰野鸭及小水鸭一起捉鱼吃。我们的鹬在红羽毛的美男子火烈鸟那高高的双腿间穿梭往回，当鲜艳的非洲乌雕或我们的白尾雕出现时，就躲向四面八方。

假如对着湖面开一枪，那么密密麻麻的各种水禽成群起飞的轰鸣声，就只有数千只鼓敲响的声音可以与之相比。湖面顿时笼罩在浓密的阴影里，因为升空的鸟类组成的“乌云”遮住了太阳。

我们的候鸟就这样生活在它们冬季的居所。

在连科兰近郊

我国幅员辽阔，也有属于鸟类的“埃及”，并不比非洲逊色。我们许多生活在水中和沼泽地的鸟类在那里过冬。跟在埃及一样，冬季你也能在那里看见一群群鹈鹕和火烈鸟，野鸭、大雁、鹬、海

鸥和猛禽也夹杂其中。

我们说的是在冬季，可是那里恰恰没有像我们这儿的冬季——白雪盖地，寒气逼人，暴风雪肆虐。在温暖的海边，水藻丛生的浅水里、芦苇荡里和沿岸的灌木丛里，在宁静的草原湖泊里，整年都充满了各种鸟类的食物。

这些地方被划为自然资源保护区，禁止猎人在此捕猎鸟类，包括经过夏季的奔忙来此休息的候鸟。

这是我们的塔雷什国家自然资源保护区，位于阿塞拜疆苏维埃社会主义共和国连科兰市近郊，里海东南岸。

发生在南部非洲的慌乱

在南部非洲发生过一件事，引起了很大的慌乱。人们在一群鹳（guàn）里发现一只鹳脚上戴着一个白色金属环。这群鹳是从天上飞下来的。

他们捉到了这只鹳，阅读了打在环上的文字。脚环上的文字是这样的："莫斯科。鸟类学委员会。A 型 195 号。"

这件事许多报刊都刊登了，所以我们知道被我们的记者捕获过的这只鹳冬季在何处出现。（参阅《森林报》第七期，发自林区的第二份电报）

科学家用这个方法——套脚环——得知鸟类生活中许多惊人的秘密：它们的越冬地，迁徙路线，等等。

为此，每个国家的鸟类学委员会都用铝制作不同型号的脚环，在上面打上发放脚环的机构名称，以及表示型号（根据尺寸大小）的字母和编号。如果有人捕获或打死套有脚环的鸟类，他应当将有关情况告知脚环上标明的科研机构，或在报上刊登自己发现的相关消息。

基塔·维里坎诺夫讲述的故事

米舒克奇遇记

新年故事

到了除夕。

天气冻得人牙齿咯咯响。

天刚蒙蒙亮，老头儿就乘着雪橇往林子里赶——去为村俱乐部砍一棵漂亮的圣诞树。

森林又大又密，老头儿一直在里面走呀走，直到差不多进入了森林的中心位置。这里已经听不到来自村里的任何声音，甚至听不到无线电喇叭的广播。老头把马拴在树上，离开路边，挑选了一棵合适的云杉。

但是，他刚咳了一声，往树干上砍下第一斧，雪下面就仿佛炸弹爆炸似的飞蹿出一头棕色的野兽。

老头儿吓得斧头都掉了。他用尽平生之力向马儿冲去，解开马绳，一溜烟似的逃命去了。

原来老头儿惊着了一头母熊。它的洞穴正好在他选中的那棵云杉的下面。由于猛然被很响的斧头声惊醒，它就蹿出了自己的藏身之地，没命地向密林中奔逃而去，惊慌中以为猎人来攻击它了。

可是，熊洞里还留着它的小熊崽米舒克。它才三个月大，还在吃奶。

被母熊翻了个底朝天的熊洞里透进了寒气。米舒克醒了，便轻轻地哀号哭叫起来，因为它觉得冷，还想吃东西。米舒克躁动不安，便爬出了洞穴。它在寻找自己的母亲，但是老熊连踪影也没有了。

它肚子着地爬来爬去，哀号着，尖叫着，但是母亲逃得很远，

听不见它的叫声。

最后，米舒克生气了，就四脚着地站了起来，自己去寻找吃的东西。虽然它那脚掌外翻的四个短短的爪子陷进深深的积雪难以拔出，但是饥饿驱使着它不断地向前、向前。

突然，它发现一棵树后面的树墩上有一只尾巴蓬松的棕色小兽。小兽快要啃完一颗长长的云杉球果了。

米舒克是很喜欢吃松鼠的。它迈开八字脚向松鼠靠近，想逗它一下。但是小兽吱的一声惊叫，箭似的爬上了旁边的那棵云杉。

米舒克看不见它了，坐了一会儿，东张西望地转动着脑袋。但是没有办法，它又继续向前跑去。

不久，它见到一只灰色小兽一边想避开它往灌木丛里躲，一边气呼呼地发出呋呋的叫声和嘚嘚的声音。米舒克跳了两步就赶上了它，伸出爪子将它一把抓住。然而——哎哟！灰色小兽原来这么扎手，使得米舒克痛得刺耳地尖叫起来，跛（bǒ）着，用三只脚继续向前跑。

它在林子里徘徊了很久，最后筋疲力尽，坐了下来。这时，空空如也的肚子逼得它用爪子去刨雪。雪下面露出了土地，地面上长着一些花朵、浆果和植物的根。米舒克开始把它们往自己嘴里塞，原来这些东西能嚼着吃。于是，可怜的孤儿开始拼命动用自己的爪子，它的肚子鼓了起来，米舒克仿佛吃了个西瓜似的。

东西下了肚，米舒克跑起来开心多了。它不太留意自己的脚下，突然，嘭！它一个跟斗掉进了坑里。

这个坑在树枝和雪下面，蛇、青蛙正在这里冬眠。幸好米舒克掉下去的时候后脚抓住了几根粗树根，所以头朝下悬空挂在这群东西的上方。

蛇苏醒了，抬起头发出了可怕的咝咝声，青蛙没命地呱呱叫起来。恐惧给了米舒克力量，它设法用后脚抓住坑壁，晃荡着身子，用前脚抓住粗树根，急急忙忙地往上爬。它吓得头也不回，跑了很久，直到跳到一块林间空地上才止步。

它停步后便又开始刨雪：雪下面会不会再找到什么可口的食物？这一次，它挖到了全然不同的东西：这里的雪下面，侨居着整整一小群带着孩子的林中田鼠。这些小兽在灌木丛下层的枝丫上安顿了自己的小窝，温暖的窝里甚至冒出了热气。

如果米舒克稍稍年长一些，它就能清楚地意识到可以将这些田鼠作为一顿午餐。但是它尚未开窍，所以只是惊讶地看着这些短尾巴的小兽四处逃窜。

冬季的白昼是短暂的。正当米舒克磨磨蹭蹭地对付田鼠幼崽时，天色已开始变暗。米舒克猛然想起："妈妈在哪儿呢？"于是它跑去找妈妈。可是，如何在莽莽林海中找到妈妈呢？

米舒克满林子不停地跑呀跑，眼看着黑夜降临了。这是伸手不见五指的新年之夜，看不见任何一颗星星在闪烁——整个天空布满了黑沉沉的乌云。从这乌云之中又纷纷扬扬飘下稠密的鹅毛大雪。米舒克跑得浑身发热，所以落到背上的雪花顿时融化并浸透了它全身的皮毛。

身处漆黑的夜晚，米舒克感到恐惧：说不定有什么东西会突然向自己发起攻击呢！米舒克还很小，还不知道在我们的森林里，熊是最强大的野兽。在路途中，它甚至不敢抽泣哀号——要是突然被谁听见怎么办？它悄然无声地奔跑着，越来越进入密林深处。

在它一心奔跑的路上，猛然间——请设想一下它内心的恐惧——它和一头野兽打了个照面！这"一头野兽"比米舒克要大得多、重得多，所以不幸的它远远地跳到了一边，臀部撞到了一棵树上，很痛。

但是，米舒克甚至没有时间去擦抚碰痛的部位，因为巨大的野兽可能立马向它扑来，把它吃掉。于是，米舒克在黑暗中摸索着赶紧向树上爬去。

它听到那头巨大、沉重的野兽正向它悄悄靠近。它是那么沉重，因为在它巨大爪子的踩踏下，不时会传来树枝断裂的脆响……

沉重的脚步声越来越近……米舒克哆嗦着用四肢抓住树干的表皮，向着漆黑的下方望去……

算它运气好，正好这时黑暗里亮起了一道闪电，瞬间照亮了整个森林。这足以让米舒克看见下面是谁。

"妈妈！"它放开嗓子叫了一声，便一骨碌从树上滚了下来。

不错，这正是母熊，它的妈妈。它也没有弄清楚黑暗中撞见了谁，也没有认出是儿子。

现在，它们俩可高兴了！

恰好这时，莫斯科的新年钟声敲响了——整片森林响彻着这庄严的声音：时逢子夜，新年到了。

群鹤在沼泽地里发出了阵阵唳叫，云雀在天际唱起了婉转的歌，而幸福的母子俩则紧紧地拥抱在一起。

接下来，它们俩爬进自己的洞穴，在那里安然躺下。米舒克开始吃妈妈的奶，母熊则津津有味地吮吸自己富有营养的爪子。

这一切都有了美好的结局，就如新年故事的结局总是美好的一样，尽管这是有关莽莽林海的故事。

基塔·维里坎诺夫

冬季，野兽因为缺少食物而经常偷袭农庄的禽畜，于是狩猎开始了。对付这些可怕的野兽，经验丰富的猎人有的是办法，他们循迹追踪，与这些凶猛狡猾的野兽斗智斗勇，在皑皑白雪上展开了激烈的生死搏斗。

狩猎纪事

带着小旗找狼

有几头狼在村庄附近出没。有时叼走一只绵羊，有时叼走一只山羊。村里没有自己的猎人，于是派人去城里请：

“帮我们排忧解难吧，同志们！”

当晚，从城里来了一组由士兵组成的猎人。他们各自乘着雪橇，随身带着两个很大的轮轴。轮轴上鼓鼓地绕着一圈圈绳子。绳子上结着一面面红布小旗，每两面旗子之间相距半米。

在白色小道上解读

他们向农民打听了狼的去向，就出发去解读足迹了。轮轴放在后面的雪橇上随行。

狼迹沿着一条线路从村庄向森林延伸，经过田野。看起来似乎只有一头狼，有经验的足迹辨认者却看出，从这里走过的是整整一窝狼。

在森林里，一条足迹分成了五条。猎人们看了一会儿，说道：“走在头里的是狼母亲。”足迹窄窄的，步子短短的，成对角线方向有雪爪（野兽在雪上用脚爪形成的痕迹），他们就是凭这一点认出来的。

他们分成了两组，分坐到雪橇上，绕森林转了一圈。

足迹没有离开森林到任何地方。那就表明，整窝狼就住在这儿的林子里。应当用围猎的办法解决它们。

围　猎

每一组猎人都带一个轮轴。他们悄悄地前进，轮轴在转动，把绳子一点点放出来。小旗子在灌木丛、树上和树墩上挂着。这样，长长的小旗子离地有半俄丈（1俄丈等于2.134米）高，在空中晃荡。

在村边，两组人会合了，他们已经把林子从四面包围了。

他们吩咐农庄庄员天刚亮就起床，自己则去睡觉了。

在黑夜里

夜降临了，非常寒冷，明月高照。

母狼从睡觉的地方起了身，公狼也起身了，几头新生的一岁小狼也起了身。

四周是密密丛林。在枝叶扶疏的云杉树梢上方，天空中浮动着一轮圆月，宛如一个死亡的太阳。

狼的肚子正饿得咕咕叫。

狼的心里闷得慌！

母狼抬起头，对着月亮嗥（háo）叫起来，公狼跟着它用低沉的声音也叫了起来。跟着它们叫的是一岁的小狼，声音细细的。

村子里的牲口听到了狼嗥，于是奶牛哞（mōu）叫起来，山羊也

开始咩咩叫起来。

母狼出发了，后面跟着公狼，再后面是一岁的小狼。

它们小心翼翼地认准脚印踩着走，从森林向村庄进发。

突然母狼站住不走了，公狼也停住了，小狼也站住了。

母狼凶狠的双眼里闪过一丝惶惑不安。它灵敏的鼻子嗅到了红布刺鼻的气息。它发现前面的林间空地上有深色的布片儿挂在灌木上。

母狼已经上了年纪，见过的世面也多。可这种情况却从未遇到过。不过它知道哪儿有布片儿，哪儿就有人。谁知他们会怎么样呢？说不定正躲在田野里守着呢。

得往回走。

它转过身，跳跃着向密林跑去。公狼跟着它，后面是小狼。

狼群大步跳跃着跑过整片森林，到林间空地边又停住了。还是布片儿！像伸出的舌头似的挂着。

这几头狼不知所措了。林子里纵横交错，到处都是布片儿，没有出路可走。

母狼有了不祥的预感。它蹿回到密林里，卧了下来。公狼也卧倒了。小狼也跟着卧倒。

它们无法走出包围圈，最好还是忍饥挨饿吧。谁知道他们究竟想干什么。肚子饿得咕咕直叫。天真冷啊！

次日清晨

天刚蒙蒙亮，两支队伍就从村里出发了。

一支人数较少的队伍围绕着森林走，他们都穿着灰色长袍，悄悄地在这里解下小旗，呈链状散开，躲到了灌木丛后面。这些是带枪的猎人。他们穿灰色衣服是因为在冬季的森林里所有别的颜色都很显眼。

人数多的那支队伍——手持木橛（jué）子的农庄庄员，待在田野里。接着，按领队的命令闹闹嚷嚷地进到了森林里。他们在森林里一面走，一面大声吆喝，用棍棒敲打树干。

驱 赶

狼在密林里打盹儿。突然从村庄的方向传来了嘈杂声。

母狼从侧面冲向了另一方向。它后面跟着公狼，公狼后面跟着小狼。

它们竖起了领毛，夹紧了尾巴，耳朵转向身后，双目炯炯发光。

它们到了森林边缘。有布片儿。

回头！

嘈杂声越来越近。听得出有许多人走来，木棒敲得嘭嘭响。

直接避开他们。往回跑！

又到了森林边缘，红布片儿没有了。

向前逃！

整窝狼直接落进了射击手的包围圈。

灌木丛里射出了一条条火光，响起了震耳的枪声。公狼高高地蹿了起来，又嘭的一声坠到了地上。小狼们尖叫着打起了转。

整窝狼没有一头小狼逃脱士兵们准确的射击，只有老母狼不知消失到了何方。它是怎么逃走的，没有任何人看见。

村子里再也没有牲口丢失的事发生。

猎 狐

经验丰富的猎人，一看足迹就知道狐狸的动向。没有什么能逃过他明察秋毫的眼睛！

塞索伊·塞索伊奇早上出门，踏上新下过雪的地面，老远就发现了一行清晰、规整的狐狸足迹。

小个儿猎人不慌不忙地走到足迹前，沉思地望着它。他脱下一块滑雪板，一条腿单跪在上面。他弯起一根手指伸进脚印里，先竖着，再横着，量了量。他又思量了一会儿，站起来，穿上滑雪板，顺着足迹平行前进，眼睛盯着足迹片刻不离。他隐没在了灌木丛里，接着又走了出来，走到一片不大的林子前面，仍然从容不迫地围着林子走了起来。

然而，当他从这片小林的另一边出来时，突然回头快速向村子跑去。他不用撑竿助推，急速地踩着滑雪板在雪上滑行。

短暂冬日的两个小时花在了对足迹的观察上，塞索伊·塞索伊奇已暗自下定决心一定要在今天逮住狐狸。

他跑到了我们另一位猎人谢尔盖家的农舍前，谢尔盖的母亲从窗口看见了他，就走到门口台阶上，首先和他打招呼：

"我儿子不在家，也没说去哪儿。"

对于老太太耍的滑头，塞索伊·塞索伊奇只是莞尔一笑。

"我知道，我知道。他在安德烈家。"

塞索伊·塞索伊奇果然在安德烈家找到了两个年轻猎人。

他走进屋子时那两个人有点儿尴尬，这瞒不过他的眼睛，他们都不吭声了，谢尔盖甚至从长凳上站了起来，想遮住身后的那一大捆缠着小红旗的轮轴。

"别藏着掖着了，小伙子，"塞索伊·塞索伊奇开门见山地说，"我都知道。今儿夜里狐狸在'星火'农庄叼走了一只鹅。现在它在哪儿落脚，我知道。"

两个年轻的猎人张大了嘴巴。就在半小时前，谢尔盖遇见了邻近"星火"农庄的一个熟人，得知今天凌晨狐狸趁夜从那里的禽舍里叼走了一只鹅。谢尔盖跑回来把这件事告诉了自己的朋友安德烈。他们刚刚才商定，要赶在塞索伊·塞索伊奇得知这件事之前就找到狐狸，把它逮到手。可塞索伊·塞索伊奇却说到就到，而且都知道了。

安德烈先开口："是老太太告诉你的吧？"

塞索伊·塞索伊奇冷冷一笑：

"老太太恐怕一辈子也不会知道这些事。我看了足迹。我要告诉你们的是：这是雄狐狸走过的脚印，而且是只老狐狸。个子大大的，脚印是圆的，很干净。它走过之后，并不像雌狐那样把雪上的足迹抹掉。很大的脚印，是从‘星火’农庄过来的，叼着一只鹅。它在灌木丛里把鹅吃了。我已经找到了那个地方。这是只十分狡猾的雄狐，吃得饱饱的，它身上的皮毛很稠密，能卖上难得的好价钱。”

谢尔盖和安德烈彼此交换了一个眼色。

“怎么，这难道又是足迹上写着的？”

“怎么不是呢。如果是一只瘦狐狸，过着半饥半饱的日子，那么皮毛就稀，没有光泽。而在又狡猾、吃得又饱的老狐狸身上，皮毛就很密，颜色深沉，有光泽。这是一副贵重的皮毛。吃得饱饱的狐狸足迹也不一样：吃饱了走路轻松，脚步跟猫一样，一个脚印接一个脚印——是齐齐整整的一行，一个爪子踩进另一个爪子的印痕里——口对着口。我对你们说，这样的皮子在林普什宁抢手得很，能卖出大价钱呢。”

塞索伊·塞索伊奇不说了。谢尔盖和安德烈又交换了一个眼色，走到一角，窃窃私语了一会儿。

接着，安德烈说：“怎么样，塞索伊·塞索伊奇，有话直说吧！你是来叫我们合伙的，我们不反对。你看到了，我们自己也听说了，小旗子也备了。我们原本想赶在你前头，却没有得逞。那就一言为定，到了那里，谁运气好，它就撞到谁手里。”

“第一轮围猎由你们干，”小个儿猎人大度地决定，“要是它逃走了，肯定没有第二轮。这只雄狐不同于那些普通狐狸。当地的那些我认得出，这么大个儿的可没有。它在开第一枪之后就溜之大吉了——你就是两天也追不上它。那些小旗子，还是留在家里吧。老狐狸精明得很，也许被围猎已经不止一次了——会钻地逃跑。”

这时两个年轻猎人坚持要带小旗子，认为这样牢靠些。

“行，”塞索伊·塞索伊奇同意了，“你们想带，就照你们的，带上吧。走！”

在谢尔盖和安德烈准备行装，将两个绕着小旗的轮轴搬到外面绑上雪橇时，塞索伊·塞索伊奇赶紧回了趟家，换了身衣服，叫上了五个年轻的农庄庄员帮助围猎。

三个猎人都在自己的短大衣外面罩了件灰色长袍。

“这回是去对付狐狸，不是兔子，”在路上，塞索伊·塞索伊奇开导说，“兔子不怎么会辨别。狐狸可要敏感得多，眼睛看东西可尖着呢。一见到什么东西，脚印就没有了。”

他们很快就到了狐狸落脚的那片林子。在这里，他们分了工：围猎的农庄庄员留在原地，谢尔盖和安德烈带上一个轮轴，从左边去围着林子布旗子，塞索伊·塞索伊奇从右边布。

“留神看着，”临行前，塞索伊·塞索伊奇提醒说，“看哪里有它出逃的脚印。还有，别弄出声响。狐狸很机灵，只要听见一丁点儿声音，就不会等着你去逮它。”

不久，三个猎人在林子那边会合了。

“搞定了吗？”塞索伊·塞索伊奇悄声问。

“完全搞定了，”谢尔盖和安德烈回答，“我们仔细看过，没有逃出去的足迹。”

“我那边也一样。”

离旗子150步左右的地方，他们留了条通道。塞索伊·塞索伊奇向两位年轻猎人建议他们最好站立在什么位置，说完就悄无声息地乘滑雪板滑向围猎的五个人那边。

半小时以后，围猎就开始了。六个人形成一个包围圈，像一张网一样在森林中行进，悄声呼应着，用木棍敲打树干。塞索伊·塞索伊奇走在呐喊者中间，使包围圈队形保持整齐。

森林里一片寂静。被人触碰的树枝上落下一团团松软的积雪。

塞索伊·塞索伊奇紧张地等待着枪响。尽管开枪的是自己的伙伴，可他的心还是提到了嗓子眼儿。这只狐狸是难得遇到的，对此，经验丰富的猎人毫不怀疑。要是看走了眼，他们就再也看不到它了。

已经到了林子中央，可是枪依然没有响。

“怎么搞的？”塞索伊·塞索伊奇在树干之间滑行时忐忑地想，“狐狸早该从它藏身的地方跳出来了。”

路走完了，又到了森林边缘。安德烈和谢尔盖从守候的云杉后面走出来。

“没有？”塞索伊·塞索伊奇已经放开了嗓子问。

"没看见。"

小个儿猎人没多说一句废话就往回跑，去检查打围（许多打猎的人从四面围捕野兽，也泛指打猎）的地方。

"喂，过来！"几分钟后，传来了他气呼呼的声音。

大伙都向他走去。

"还说会看足迹呢！"小个儿猎人冲着两个年轻猎人恨恨地嘟囔着说，"你们说过没有出逃的痕迹。这是什么？"

"兔迹，"谢尔盖和安德烈两个人异口同声地说，"兔子的脚印。怎么，难道我们不知道？我们在刚才围拢来的时候就发现了。"

"可是，在兔迹里的究竟是什么？我对你们这两个大傻瓜说过，雄狐是很狡猾的！"

年轻猎人的眼睛没有一下子在兔子后腿长长的脚印里看出另一头野兽留下的明显痕迹——更圆、更短的脚印。

"你们没有想到，狐狸为了藏掖自己的脚印，会踩着兔子脚印走，是吗？"塞索伊·塞索伊奇和他们急了，"脚印对着脚印，窝儿合着窝儿。两个笨蛋！多少时间白待了。"

塞索伊·塞索伊奇首先顺着足迹跑了起来，命令他们把旗子留在原地。其余人默默地紧跟在他后面。

在灌木丛里，狐狸的足迹出离了兔迹，独自前进了。他们沿着齐齐整整的一行脚印走了好久，走出了狐狸设下的圈套。

阳光不强的冬日随着雪青色云层的出现已接近尾声。人人都是一副垂头丧气的样子，因为整整一天的辛劳都付诸东流了，脚下的滑雪板也变得沉重起来。

突然，塞索伊·塞索伊奇停了下来。他指着前方的小林子轻声说："狐狸在那里。接下去5000米的范围，地面就像一张桌子的面儿，既没有一丛灌木，也没有沟沟壑壑。野兽不会指望在开阔地上逃跑。我用脑袋担保，它就在这儿。"

两个年轻猎人的疲劳感似乎被一只手一下子从身上解除了。他们从肩头拿下了猎枪。

塞索伊·塞索伊奇吩咐三个围猎的农庄庄员和安德烈从右边，另两个和谢尔盖从左边，向小林子包抄，大家立马向林子里走去。

他们走后，塞索伊·塞索伊奇自己无声无息地滑行到林子中央。他知道，那里有块不大的林间空地。雄狐无论如何不会出来走到开阔地上。但是，不管它沿什么方向穿过林子，都不可避免地要沿着林间空地边缘的某个地方溜过去。

在林间空地中央，矗（chù）立着一棵高大的老云杉。它用茂盛而强壮的枝杈，支撑着倒在它身上的一棵姐妹树干枯的树干。

塞索伊·塞索伊奇脑海里闪过一个念头，想沿着倒下的云杉爬上大树，因为从高处看得见狐狸从哪儿走出来。林间空地的周围只长着一些低矮的云杉，矗立着一些光秃秃的山杨和白桦。

但是，经验丰富的猎人马上放弃了这个想法，因为在你爬树的时候，狐狸已经逃脱10次了。再说，从树上开枪也不方便。

塞索伊·塞索伊奇站在两棵小云杉之间的一个树桩上，推上了双筒枪的枪栓，开始仔细地四下观察。

几乎是一下子，从四面八方响起了围猎者轻轻的说话声。

塞索伊·塞索伊奇的整个身心都准确无误地知道无价的狐狸已经来到这里，就在他的身旁，随时都会出现，但是，当棕红色的皮毛在树干之间一闪而过时，他还是哆嗦了一下。当它出乎意料地跳出来，直接奔向开阔的林间空地时，塞索伊·塞索伊奇差点儿就开枪了。

不能开枪，因为这不是狐狸，是兔子。

兔子坐在雪地上，开始惊惶地抖动耳朵。

人声从四面八方一点点逼近。

兔子纵身一跳，逃进森林不见了。

塞索伊·塞索伊奇仍然全身高度紧张地在等待。

忽然响起了枪声，枪声来自右方。

“他们把它打死了？打伤了？”

从左方传来第二声枪响。

塞索伊·塞索伊奇放下了猎枪：不是谢尔盖就是安德烈，总有一人开了枪，而且得到了狐狸。

几分钟后围猎者走了出来，到了林间空地。和他们一起的还有一副窘态的谢尔盖。

“落空了？”塞索伊·塞索伊奇阴沉着脸问。

“要是它在灌木丛后面……”

“唉！……”

“看，是它！”旁边响起了安德烈得意的声音，“说不定还没有走。”

于是年轻猎人一面走上前来，一面向塞索伊·塞索伊奇脚边扔过来……一只死兔子。

塞索伊·塞索伊奇张开了嘴巴，又重新闭上，什么话也没有说。围猎者莫名其妙地看着这三个猎人。

“怎么说呢，祝你满载而归！”塞索伊·塞索伊奇最后平静地说，“现在各自回家吧。”

“那狐狸怎么办？”谢尔盖问。

“你看见它啦？”塞索伊·塞索伊奇问。

“没有，没看见。我也是对兔子开的枪，而且你是知道的，它在灌木丛后面，所以……”

塞索伊·塞索伊奇只挥了挥手。

“我看见山雀在空中把狐狸叼走了。”

当大家走出林子时，小个儿猎人落在了同伴们的后面。还有足够的光线可以发现雪地里的足迹。

塞索伊·塞索伊奇慢慢地察看，时而停顿一下，绕小林子走了一圈。

在雪地里明显看得出狐狸和兔子出逃的痕迹——塞索伊·塞索伊奇细心察看了狐狸的足迹。

不对，雄狐没有沿着自己的足迹走回头路——脚印对着脚印，窝儿合着窝儿。而且，这也不符合狐狸的习性。

从小林子出逃的足迹并不存在——无论是兔子的，还是狐狸的。

塞索伊·塞索伊奇坐到树桩上，双手捧着低下的脑袋，思量起来。最后，他脑子里钻进一个简单的想法：雄狐可能在林子里钻了洞——它躲进了连猎人也不曾猜想过的洞穴。

但是，当塞索伊·塞索伊奇想到这一点并且抬起头时，天已经黑了，再也没有希望发现狡猾的狐狸了。塞索伊·塞索伊奇只好回

家去。

野兽会给人猜最难猜的谜，这样的谜有些人就是解不开，即使是在所有时代、所有民族中都以狡猾著称的狐大婶也解不开，但塞索伊·塞索伊奇可不是这样的人。

第二天早晨，小个儿猎人又到了傍晚找不到足迹的那片小林子。现在，确实留下了狐狸从林子出逃的足迹。

塞索伊·塞索伊奇开始顺着它走，以便找到他至今不明的那个洞穴。但是，狐狸的足迹直接把他带到了位于林子中央的空地。

齐整清晰的一行印窝儿通向倒下的干枯云杉，沿着它向上攀升，在那棵高大茂盛的云杉稠密的枝叶间失去了踪影。那里，在离地8米的高处，一根宽大的树枝上全然没有积雪——被卧伏在上面的野兽打落了。

雄狐昨天就趴在守候它的塞索伊·塞索伊奇的头顶上方。如果狐狸会笑的话，它一定会对那个小个儿猎人笑得前仰后合。

不过打这件事以后，塞索伊·塞索伊奇就坚信不疑：既然狐狸会爬树，那么它们会笑也就不足为奇了。

本报特派记者

天南地北

无线电通报

请注意！请注意！

列宁格勒广播电台

《森林报》编辑部。

今天，12月22日，冬至，我们播送今年最后一次广播——来自苏联各地的无线电通报。

我们呼叫冻土带和草原、原始森林和沙漠、高山和海洋。

请告诉我们，在这隆冬季节，一年中白昼最短、黑夜最长的日子，你们那里发生了什么？

请收听！请收听！

北冰洋远方岛屿广播电台

我们这儿正值最漫长的黑夜。太阳已离开我们落到了大洋后面，直至开春前再也不会露脸。

大洋被冰层所覆盖。在我们大小岛屿的冻土上，到处是冰天雪地。

冬季还有哪些动物留在我们这儿呢？

在大洋的冰层下面，生活着海豹。它们在冰还比较薄的时候，在上面设置通气口和出入口，并用嘴和脸撞开将通气口迅速收缩的冰块，努力保持通畅。海豹到这些口子呼吸新鲜空气，通过它们爬到冰上，在上面休息、睡觉。

这时，一头公白熊正偷偷地向它们逼近。它不冬眠，不像母白熊那样整个冬季躲进冰窟窿。

冻土带的雪下面，生活着短尾巴的兔尾鼠，它们筑了许多通道，啃食埋藏的野草。雪白的北极狐在这里用鼻子寻找它们，把它们挖出来。

还有一种北极狐捕食的野味：冻土带的山鹑。当它们钻进雪里睡觉时，嗅觉灵敏的狐狸就毫不费力地偷偷逼近，将它们捕获。

冬季，我们这儿没有别的野兽和鸟类。驯鹿在冬季来临之前就千方百计地从岛上离开，沿冰原去往原始森林了。

如果所有时间都是黑夜，不见太阳，我们怎么看得见呢？

其实即使没有太阳，我们这儿还经常是光明的。首先月亮会照耀大地，其次北极光会非常频繁地出现。

变幻着五光十色的神奇极光，有时像一条有生命的宽阔带子展现在北极一边的天空，有时像瀑布一样飞流直泻，有时像一根根柱子或一把把利剑直冲霄汉。而它的下面，是光彩熠熠、闪烁着点点星火的最为纯洁的白雪，于是黑夜变得和白昼一样光明。

寒冷吗？当然，冷得彻骨。还有风，还有暴风雪——那暴风雪真叫厉害，我们已经一个星期连鼻子都没有伸到盖满白雪的屋子外面去过了。不过，什么都吓不倒我们苏联人。我们一年年地向北冰洋进军，越走越远。勇敢的苏联北极探险队早就开始研究北极了。

顿河草原广播电台

我们这儿也将开始下雪，可我们无所谓！我们这儿冬季不长，也不那么来势汹汹，甚至连河流也不会全封冻。野鸭从湖泊迁徙到这里，不想再往南迁了。从北方飞来我们这里的白嘴鸦逗留在小镇上、城市里。它们在这里有足够的食物。它们将住到3月中旬，到那时再飞回家，回到故乡。

在我们这儿越冬的，还有远方冻土带的来客：雪鹀（wú）、角百灵、巨大的北极雪鸮（xiāo）。北极雪鸮能在白昼捕猎，否则它夏季在冻土带怎么生活呢？那时可整天都是白昼啊。在白雪覆盖的空旷草原上，人们在冬季无事可做。不过在地下，即使现在也干得热火朝天：在深深的矿井里我们用机器铲煤，用电力把煤炭送上地面、井巷，再用蒸汽——在无穷无尽的列车上——把它运送到全国各地，送往各种工厂。

新西伯利亚原始森林广播电台

原始森林的积雪越来越深。猎人们踩着滑雪板，结成合作小队前往原始森林，身后拖着装有给养的轻便窄长雪橇。奔在前头的是猎狗，竖着尖尖的耳朵，有一条把控方向的毛茸茸的尾巴，这是莱卡狗。

原始森林里有许多浅灰色的松鼠、珍贵的黑貂、皮毛丰厚的猞猁（shēlì）、雪兔和硕大的驼鹿，以及棕红色的鼬——黄鼠狼，它的毛可以用来做画笔。还有白鼬，旧时用它的毛皮缝制沙皇的皇袍，如今则用来制作给孩子戴的帽子。有许多棕色的火狐和玄狐，还有许多可口的花尾榛鸡和松鸡。

熊早已在自己隐秘的洞穴里呼呼大睡。

猎人们好几个月不走出原林，在过冬用的小窝棚里过夜：整个短暂的白昼都用来捕捉各种野兽和野禽了，他们的莱卡狗这段时间正在林子里东奔西跑地找寻，用鼻子、眼睛、耳朵找出松鸡和松鼠、黄鼠狼和驼鹿或者那位睡宝宝——狗熊。

猎人们的合作小队在身后用皮带拖着装满沉甸甸猎物的轻便雪橇，正往家里赶。

卡拉库姆沙漠广播电台

春季和秋季的沙漠并非沙漠：那里生机盎然。

而夏季和冬季，那里却死气沉沉。夏天没有食物，只有酷暑；冬季也没有食物，只有严寒。

冬季野兽和鸟类跑的跑、飞的飞，都逃离了那可怕的地方。南方灿烂的太阳徒然升起在那无边无际、白雪覆盖的瀚海上空。那里什么动物都没有，也就没有动物为朗朗晴日而欢欣鼓舞。纵然太阳会晒热积雪，但下面是毫无生命的黄沙。乌龟、蜥蜴、蛇、昆虫，甚至连热血动物——老鼠、黄鼠、跳鼠都深深地钻进了沙里，不会动弹，冻僵了。

狂风在原野上肆意横行，无可阻挡：冬季，它是沙漠的主宰。

但是，不会永远这样下去。人类正在战胜沙漠：开河筑渠，植树造林。现在，无论夏季还是冬季，沙漠都充满了生机。

请收听！请收听！

高加索山区广播电台

我们这儿的夏季既有冬天也有夏天，而冬季也同样既有冬天也有夏天。

即使在夏季，在像我们的卡兹别克山和厄尔布鲁士山这样傲然耸入云端的高山上，炎热的阳光也照不暖永久的冰雪。同时，即使是冬季的严寒，也征服不了层峦叠嶂保护下的鲜花盛开的谷地和海滨。

冬季将岩羚羊、野山羊和野绵羊逐下了山巅，却无法再将它们往下驱赶了。冬季开始把白雪撒上山岭，而在下面的谷地里，它却降下了温暖的雨水。

我们刚刚在果园里采摘了橘子、橙子、柠檬，而且把它们交给了国家。我们的果园里玫瑰还在开花，蜜蜂还在嗡嗡飞舞，而在向阳的山坡上，正盛开着春季首批的鲜花——有着绿色花蕊的白色雪莲花和黄色的蒲公英。我们这儿鲜花终年盛开，母鸡终年下蛋。

在冬季的寒冷和饥饿降临时，我们的野兽和鸟类不必从它们夏季生活的地方远远地奔逃或飞离。它们只要下到半山腰或山脚下、谷地里，就能找到食物和获得温暖。

我们的高加索庇护了多少飞行的来客——为躲避暴戾的北方冬季而流浪的避难者！使它们获得了几多美食和温暖！

其中有苍头燕雀、椋鸟、云雀、野鸭、长嘴的林鹬——丘鹬。

但愿今天是冬季的转折点，但愿今天的白昼是全年最短的白昼，今天的黑夜是全年最长的黑夜，而明天就是阳光明媚、繁星满天的新年元旦。在我国的一端——在北冰洋上——我们的伙伴无法走出家门，因为那里有如此狂暴的风雪，是如此的严寒。而在我国的另一端，我们出门不用穿大衣，只穿单衣薄裳仍然觉得很暖和。我们欣赏高耸云天的山峰，明净天空中俯瞰群山的纤细月牙。在我们的脚边，宁静的大海荡漾着微波。

黑海广播电台

确实，今天，黑海的波浪轻轻地拍打着海岸，在海浪轻柔的冲击下，岸滩上的卵石懒洋洋地发出阵阵轰鸣。深暗的水面反照出一弯细细的新月。

我们上空的暴风雨早已消停。但是，我们的大海惴惴不安（指因害怕、担忧而心神不宁。惴，zhuì）起来。它掀起峰巅泛白的波涛，狂暴地砸向山崖，带着咝咝的絮语和隆隆的巨响从远处向着岸边飞驰。那是秋季的情景，而在冬季，我们难得受到狂风的侵扰。

黑海没有真正的冬季，除了北部沿岸的海面会结一点儿冰，海水会降一点儿温。我们的大海常年荡漾着波浪，欢乐的海豚在那里戏水，鸬鹚（lúcí）在水中出没，海鸥在海洋上空飞翔。海面上巨大、漂亮的内燃机轮船和蒸汽机轮船来来往往，摩托快艇破浪前进，轻盈的帆船飞速行驶。

来这儿过冬的有潜水鸟、各种潜鸭和下巴上拖着一只装鱼的大袋子的粉红色胖鹈鹕。

列宁格勒广播电台

《森林报》编辑部。

你们看到，在苏联有许多各不相同的冬季、秋季、夏季和春季。而这一切都属于我们，这一切构成了我们伟大的祖国。

挑选一下你心中喜欢的地方吧。无论你到什么地方，无论你在哪里落户定居，到处都有美景在向你招手，有事情等待你去完成：研究、发现新的美丽和我们大地的财富，在上面建设更美好的新生活。

我们一年中第四次，也是最后一次广播——来自全国各地的无线电报告就到此结束了。

再见！再见！
明年见！

射靶：竞赛十

1. 从哪一天（按森林年历）起冬季开始了？

2. 哪些猛兽的脚印上没有脚爪的印痕？为什么？

3. 渔人不喜欢哪些皮毛贵重的野兽？

4. 冬季树木生长吗？

5. 为什么猎人更看重在刚下过初雪的地上出猎？

6. 哪些鸟儿钻进雪中过夜？

7. 冬季猎人在田野和森林穿什么颜色的衣服更有利？

8. 为什么奔跑中的兔子后脚脚印在前脚脚印的前面？

9. 我们的候鸟在南方筑巢吗？

10. 雪地里的这种足迹是哪种动物留下的？

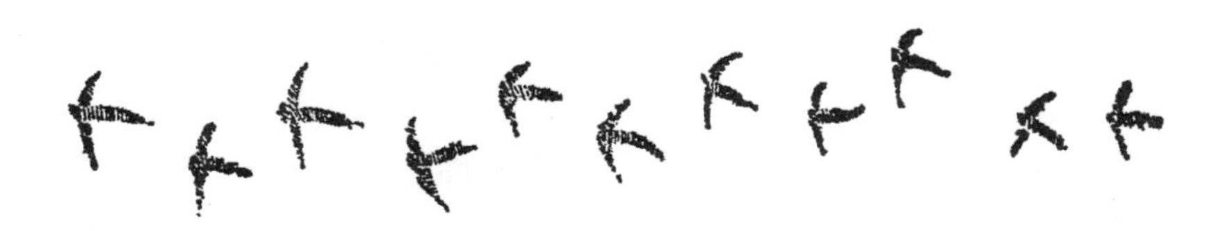

11. 林中的哪种鸟儿眼睛往后脑勺的方向移？为什么？

12. 无论狐狸还是黄鼠狼都不吃哪一种小兽？

13. 什么猛兽的脚印和人的脚印相似？

14. 猎人打死的兔子身上常会留有猫头鹰或鹞鹰爪痕。为什么常会有这样的事？

15. 这里画有被猎人打伤的狍子的足迹。狍子伤在哪里？

16. 纷纷扬扬空中飞，像衣服没下摆，也没扣子。（谜语）

17. 马在田野叫，就是不往家里跑。（谜语）

18. 在雪地里飞奔，雪上却不留痕。（谜语）

19. 老人在门口把温暖带走，自己却不停留，也不叫别人停留。（谜语）

20. 谁在河上架桥不用斧头、钉子、楔子和木板？（谜语）

21. 像钻石一样晶莹明亮，却是那么平平常常，它来自母亲，又会变成母亲的模样。（谜语）

22. 又飞又转，对着天下大叫大喊。（谜语）

23. 撒进地里是小小颗粒，从地里回来，煎饼摊在锅里。（谜语）

24. 不用播种和脱粒，浸在水里，压在石底，等到冬天做美食。（谜语）

公告："火眼金睛"称号竞赛（九）

这是什么动物的足迹？

图 1

这是什么足迹？

图 2

那么这又是什么足迹呢？兔子的？兔子分为雪兔和灰兔。哪一种脚印是雪兔的？哪种是灰兔的？

图 3

这是什么足迹？

树木落尽了叶子。从树干和枝杈的样子来识别你面前的各是什么树。

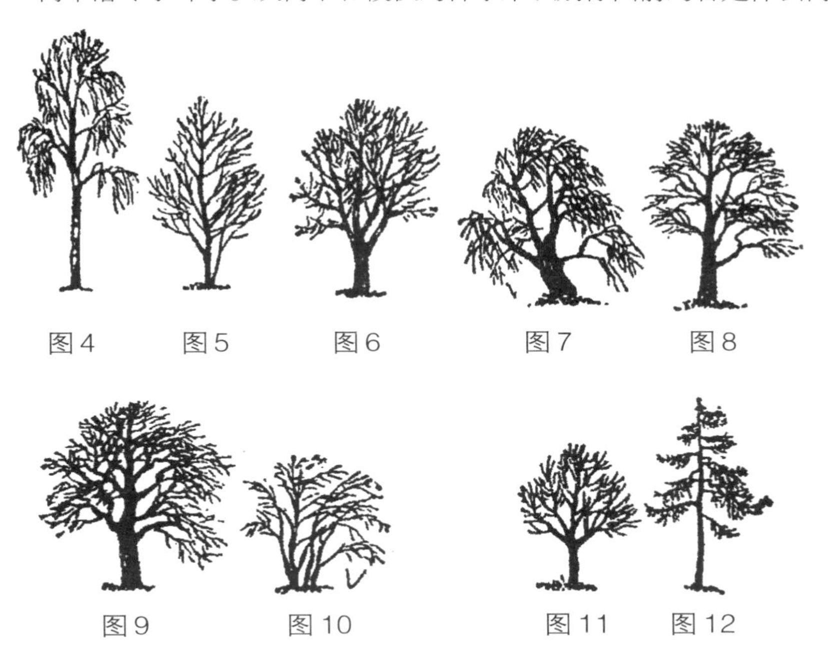

在森林、田野和花园里自学森林常识

每个人都能做到。

迈开你的双腿，仔细观察什么野兽、什么鸟儿在雪地里留下了什么样的足迹。

学会阅读"冬季"这本白色的大书。

请别忘了无家可归和饥肠辘辘的林中小朋友

艰难呀，唉，艰难！会唱歌的小鸟和别的鸟儿正在冬季里艰难

度日！它们正在寻找可以避寒、免遭冬日可怕寒风侵袭的所在——要是找不到，它们就必死无疑。

SOS！SOS！SOS！请从死神手中拯救它们！

伸出援手！

为小鸟们刻制过夜的原木小桶，为山鹑在野外放置用云杉枝条和秸秆（jiēgǎn）束搭建的小窝棚。

为小鸟们设立喂食的处所！

请参阅本期《公告》

邀请珍贵的来客

山雀和鳾

山雀和鳾很爱吃油脂。不过不能吃咸的，因为吃了咸的它们的胃会非常痛。

如果有人想邀请这些可爱而好玩的小鸟到自己家做客，一方面借此欣赏，另一方面在对它们来说十分艰难的季节里把它们喂得饱饱的，那么就该这么做：

拿一根木棍，在上面钻一排小孔，在孔中浇注热的油脂（猪油或牛油）。让油脂冷却，然后把木棍挂到窗外，还有更好的办法：把它挂在窗外的树上。

快乐的小贵客不会让自己久等，为了答谢对它们的款待，它们会向你表演各种把戏：在枝头打转、脑袋朝下翻跟头、向旁边跳跃，以及其他把戏。

请灰色的山鹑大驾光临我们的窝棚

人们为美丽的田间山鹑在田头设置了这样一些用云杉树枝搭建的小窝棚。

他们还在窝棚里撒上大麦和燕麦粒给它们喂食。

哥伦布俱乐部：第十月

基塔·维里坎诺夫的报告/森林里的游戏和运动：儿童和幼兽/鸟类接力赛/睡眠比赛

无线电广播的听众们熟识的基塔·维里坎诺夫，研究森林的真情实事和传闻逸事的著名专家，请求加入哥伦布俱乐部。大家建议他做一个入会报告，题目随意。

下面就是他的报告。

森林里的游戏和运动

“幼兽和人的孩子一样，”基塔说道，“全世界都是这样。这两者都无忧无虑，喜欢玩耍。为什么无忧无虑呢？因为有父母替它们操心：给它们吃，给它们喝，安顿它们睡过后再放它们出去玩，有父母的照看，尽情地玩吧，如果父母发出‘嘘嘘’的警告，立马飞也似的跳进洞去。四周充满了敌情，这种情况下无论如何也不能玩耍了。

“大人们在无事可操心，周围也平安无事的时候，也要玩耍：玩朴烈费兰斯（一种纸牌游戏）或接龙等各种纸牌游戏，玩多米诺骨牌，踢足球，玩击木游戏……

“野兽的孩子怎么玩呢？它们模仿成年野兽——学习像它们那样生活。它们看到成年野兽相互捕捉，相互躲避——那就让咱们也来你追我逐、捉迷藏吧。它们看到成年野兽给自己做窝，保护自己的窝免遭敌害攻击，照看自己的孩子，于是它们就效仿之。只不过

成年野兽的所作所为都是动真格的，幼兽却是闹着玩儿的。幼兽心地还很善良：它们不会相互杀戮，也不会吃掉对方。如果肚子饱饱的，它们连气也不会生。干吗要咬人家呢？就是跟它打打闹闹，仅此而已！这是高兴的表现。

“还有，在游戏中所有幼兽都一律平等：现在你来抓，我逃避你；要是被你逮住了，我来抓，你逃避我；或者我找你躲，我躲你找。成年野兽如果都这样服从统一规则就好了！可是在成年野兽那里，狼就是狼，兔子就是兔子。猫就是猫，它不会和老鼠交换位置，不存在猫鼠同玩的游戏。可是在动物园的青年娱乐场，会有一条小狗去追逐一头小熊，一只小山羊去追一头小狼，一只小狐狸躲避一只小兔子，然后再倒过来玩。谁也不跟谁打架。把你找到了，就爬出来吧；你开始抓了，来抓我吧，不管谁是谁——无论是小兔子还是小熊。

“有一个猎人说过一个故事，我听到了。

“他在春天的时候买了一条小猎狗，是追逐犬，就是追赶兔子和狐狸的那种狗。买来的时候是只小狗崽。他把它交给乡下一个认识的农庄庄员去养，它是被养在室外长大的。直到秋末，他才抽工夫出城去看望自己的猎狗多戈尼阿依（这是他给它起的名字），当时已经开始下雪。

“他来到乡下，在庄员家过了一夜，第二天早早地起了床，带着多戈尼阿依去了森林。多戈尼阿依已经长成一条魁梧的大狗，样子完全像头狼。

“他们走到了森林边。猎人给多戈尼阿依解开皮带，放它走。它一下子就冲进了森林。还没过十分钟，它就找到足迹，开始吠叫——把兔子往猎人方向赶。猎人打死了兔子，收进了袋子里。猎狗又蹿进了森林。不久就传来了叫声，但是那叫声和第一回不一样：有点滑稽，有点像小狗崽的叫声……

“猎人占据了野兽出没的路径，它在森林边缘的一片稀疏的小林里。在这儿，他可以清楚地看到四周的一切。他看到一只狐狸！多戈尼阿依吠叫着去追它。狐狸一下子钻进了树丛，在那儿蹲下了。多戈尼阿依跑到了树丛边，把两条前腿贴着地面，开始尖叫起来，那叫声就像小狗和人或和另一条小狗玩耍时发出的尖叫。

“狐狸一点儿也不怕，跑了起来，而且向多戈尼阿依扑了过去！猎狗竖起尾巴跳离了它！狐狸追着它。猎人站着，压根儿弄不明白是怎么回事！

“不到一分钟，它们俩又跑了起来：多戈尼阿依在前，狐狸在后。当着猎人的面，它追上了，就轻轻地往多戈尼阿依的腰部‘嚓’的一口咬去。

“突然它们俩都站定了，面对面躺了下来，急促地喘着气，舌头垂向一边。这时猎人从树后面走了出来，狐狸看见了他，跳起来走了。猎狗跟着它，不管猎人怎么叫它，它还是跟着消失了。猎人只好独自一人回家。

“猎人气愤地对庄员讲了这件事，庄员却笑了。

“‘你对它生什么气呀。’他说道，‘它为你把兔子赶出来了吧？赶出来了。这表明它尽了自己的责。也就是说，现在它有权和朋友玩一会儿了。’

“‘跟哪一个朋友？我告诉你，跟狐狸！’

“‘是只小狐狸。还在夏天的时候，多戈尼阿依就碰上它啦，玩得可起劲呢。谁都知道：它们俩都是小崽子。它们俩就知道淘气，就这样交上了朋友。后来，它们在林子里有多少次重逢啊。它们走到一起，就你追我赶地玩起来，要不就捉迷藏。’

“‘瞧把你喜欢得跟自己的孩子一样！’

“所以你看到了，野兽并非只有兽性，也常有快乐的友谊和真正的爱情。还有一位大叔讲过一件事：这件事发生在白俄罗斯。一条狗每天往灌木丛里给一头老母狼送吃的。这完全跟童话故事里说的一样。当然人跟踪它，看它把肉拖到哪儿去，就把狼打死了。原来是头老狼，牙齿都掉光了。所以狗去喂它——这朋友够好的！

“不过，这已经不是玩耍了！对不起，说着说着就跑题了！

“天下所有的儿童和幼兽常玩一种游戏：先是相互追逐，再捉迷藏！还有玩击木的呢：一个站在小丘上，守卫自己的家，另一个竭力自下而上把它撞倒。撞倒了，就站到它的位置。小鹿和小羊更喜欢玩这个游戏，而追逐和捉迷藏则是所有的幼兽和雏鸟都喜欢

玩的。”

“是这么回事，”少年哥伦布们赞同他的说法，“可森林里的体育运动又是怎么回事呢？”

“体育运动它们也举行，”基塔说，“只是它们的运动，怎么说好呢……似乎和咱们的相反，是四脚朝天的项目。咱们的运动像做游戏，是一种游戏性质的比赛，更多地是为了锻炼身体，可野兽却是动真格的，常常是拼个你死我活。

“一百米赛跑。比方说，在一大块林间空地上聚集了各种善于奔跑的野兽。突然其中哪一头叫了一声：‘猎人来了！’——于是响起了枪声。

“兔子没命地奔逃——用一百米赛跑的速度！它的两条后腿超越了前腿。它首先跑进了林子。由于惊吓，它创造了跑步世界纪录。

“跳高。这项运动夺冠的——谁曾想到——竟然是重量级运动员驼鹿！它生活的林子四面围着两米半高的篱笆。驼鹿走到距篱笆几步远的地方，不用助跑便像小鸟一样一跃而过。

“这只‘小鸟’的重量是407千克又255克。

“跳雪。森林里的有些鸡是在雪下面过夜的。这项运动的健将是黑琴鸡。白天它们停在高高的白桦树上，吃它的柔荑花序。一到太阳下山的时候，它们便一只接一只翻着跟头从枝头落进了深深的积雪。在那里的雪下洞穴里，觉得既温暖又舒适。而它们下坠时穿过积雪而留下的洞孔，会被雪花落满。你不妨试试到这样的隐身之地去找到它们！

“回转障碍滑雪赛，或下山障碍滑雪赛。雪兔，又叫滑雪兔。在位于小山顶上的一丛灌木下，它在栖息地被狐狸追赶了起来，它最先到达山脚下。大家都知道，它是在山顶逃命的干将：它的后腿比前腿要高得多，所以上山要方便得多。它在逃离狐狸向山下奔跑时，在陡峭的山坡上跳了三次就越过了几个树墩，然后一个跟头飞过了一丛灌木，接着就这样头朝下一个跟头一个跟头地翻着，于是到了山脚下……样子像一个大雪球。在山下，这个雪球嘭地一跳，抖掉身上的雪，就消失在密林里了。

“跳水。‘你说的是什么样的跳水？现在是冬天，所有河流和湖

泊都被坚冰封冻了，还盖满了白雪。’你们会这么问我，‘可是冰窟窿是干什么的？’我现在回答你们，‘还有因为水底涌动的温泉而没有冰冻的水面呢？’

“身体和椋鸟一般大小的一只黑肚子的小鸟在冰上跳着，唱着愉快的歌曲，突然扑通一声头朝下跳进了冰窟窿。它在水下跑着，用歪歪扭扭的爪子抓住水底的石子，全身罩在一件银光闪闪的衣服里：这是它被气泡包裹了。

“只见它边跑边用嘴抠一块小石子，用嘴从下面叼住一只水甲虫，然后扇动翅膀，飞速向冰盖下面驰去，又从另一个冰窟窿里飞了出来。

“这位苏联著名的冰下潜水冠军是一种水里的麻雀，或者叫河乌。即使现在，在我们列宁格勒州，例如在彼得宫城（俄皇彼得一世于1709年建的宫殿花园建筑群，为历代沙皇的行宫区），在托克索沃，在奥列杰日河，你们也能见到它。

“空中杂技演员。这项运动中表现尤其出色的是一种体态轻盈、姿势优美、尾巴蓬松的小兽，民间叫韦克沙，咱们叫松鼠。在大森林的绿色拱顶下，它们表演着令人头晕目眩的节目。它们的节目单上有：

“头向上绕树做螺旋状奔跑；

“头朝下绕树做螺旋状奔跑；

“在拱顶下从一根坚硬的树枝跳向另一根；

“在拱顶下从一根晃动的树枝末端跳向另一根；

“在跳板上弹跳，也就是在一根有弹性的树枝上跳跃；

“连杂技演员自己都感到意外的腾空翻，也就是跳过自己脑袋的高度腾空翻着跟头。

“在所有这些空中训练项目中，松鼠被认定为阔叶林和针叶林中的冠军。

“地下赛跑。这项运动中，当之无愧的唯一健将是鼹鼠。在这方面，鼩鼱远远地落后于它。鼹鼠用自己两个有甲爪的前肢刨土，前肢的脚掌是分开并外翻的，它在地下奔跑的速度与在它头顶上方的地面行走的人相当。

“跳伞运动。这方面的专家要数飞鼠。它的降落伞是自己的一层薄薄的皮膜，绷在身体两侧、前后肢之间，上面覆盖着一层短而软的毛毛。

“飞鼠爬到树梢，猛地用四肢把自己从树枝上推开，然后分开四肢，张起降落伞，就自由飞翔起来了。它飞过25米，直到在林间空地的另一边着陆，这时已经在低处的树枝上了。

“鸟类接力赛。一个猎人脚踩滑雪板沿一群野猪的足迹前进。顺便问一句：你们是否知道，野生的猪，或者简单地称为野猪，在革命前我们这儿一度已经灭绝，如今被置于狩猎法的保护之下，而现在它们在我们这儿已大量繁殖起来了？如今，它们的足迹几乎到达了列宁格勒（1991年后称‘圣彼得堡’）郊外的森林。

“就这样，这个猎人正在跟踪一群野猪的足迹。足迹是从田野通向森林的。猎人刚刚走到森林边缘，一只喜鹊从树上发现了他，尽管他有意穿了白长袍，以免在白雪皑皑的森林里太显眼。

“‘嚓——嚓——嚓！’喜鹊大声地嚓嚓叫了起来。‘嚓——嚓——嚓，有人带着什么来了（这句话的俄文原文是模拟喜鹊叫声的一连串象声词，其发音近似俄语中“人带了什么”的意思。由于文化背景不同，翻译中难以音义兼顾，只好意译，以与下文呼应）？嚓——嚓——嚓！’

“一群体型不大的野猪用可口的橡子填饱肚子以后，就在树林中央的林间空地上，一棵大橡树下面的积雪中安然入睡了。当然，野猪没有听见喜鹊惊惶的叫声。

“一只蓝翅膀林中乌鸦——松鸦听到了喜鹊的叫声。它接着喜鹊叫，一面用尖厉狂暴的声音叫了起来：‘呋拉克——呋拉克——拉克——拉！（这声音近似俄语中“敌人，敌人”的发音）’一面向密林中飞速前进。

“在密林里，几只小小的棕黄色林中乌鸦——北噪鸦接替了松鸦的叫声。‘剋——剋——剋——剋！’它们用自己独特的难听声音响亮地叫起来，使得一只在一棵高高的云杉树梢上打盹的黑色大乌鸦打了个冷战，立马接过了北噪鸦的接力棒：

“‘克洛克！克洛克！传警报！’它发出了一声低沉的叫声。

“还没等它停止自己的叫声，马上有一只很小的小鸟——巧妇鸟用自己细细的刺耳声音在橡树下叫了起来：

"'警报报报报报报，警——！'这个声音就在沉睡在雪地里的野猪耳边响着。

"野猪立马哼哼一声跳起来，穿过灌木丛亡命而去！它们发出了巨大的咔嚓声，猎人老远就听到了。他恨恨地吐了口唾沫，掉转滑雪板回家去了。

"有了这样的接力赛，你难道还能偷偷地接近野兽？"

非同寻常的比赛或者森林中的新式运动

森林中的睡眠爱好者发起了一项独特的比赛：看谁睡得最久。

比赛规则

1. 可以各自选择地方和方式，唯一的条件：睡着了不能醒来。谁若醒来并爬出洞穴，即使一分钟，也算睡眠结束。

2. 不禁止做梦，想做就做，想不做梦就睡无梦之觉。

3. 所有参赛者必须在同一天开始睡觉：在下第一场冬雪（不化的雪）这一天的前夜。

注：必须在下雪前进洞是为了掩盖自己的足迹，足迹会将猎人引向栖息地。森林里的野兽能准确无误地感觉冬季的降临。

4. 睡得最久者获胜。（因为春季越长，森林中越温暖，食物越充足。）

参与比赛的动物

1. 熊。它睡在自己营造得很好的洞穴里，位于两棵彼此重叠着倒下的云杉下。

2. 獾。它睡在自己深深的又干燥又暖和的洞穴里，洞穴挖在林

中沙质的小丘里。

3. 大耳蝠——一种大型蝙蝠。大耳蝠在萨博林卡河高高的堤岸上人们挖出的深洞里，它用后腿的爪子抓住洞顶，把身体裹进自己像雨衣一样的翅膀里，脚朝上入睡。它认为，在这种状态下睡觉最舒适。

4. 小老鼠。它睡在离地一米半高的刺柏从上自己的草窝里。洞的入口被一簇干苔藓堵住。

四位睡觉比赛运动员都在秋季的最后一天钻进了自己的洞穴，在降下第一场漫长的冬雪前。

最先破坏比赛规则的是小老鼠。

它睡了一个星期又一个星期，睡梦中感到饿得十分厉害……它醒来了，悄悄拔掉堵塞出口的苔藓，小心翼翼地从自己的卧室探头向外观望。它没有发现附近有任何野兽，于是不露声色地爬到了洞外。在同一丛灌木上有它的另一个窝——做粮仓的窝，那里有它收集起来备荒的谷物。小老鼠在那里填饱了肚子，又小心翼翼地钻进卧室，用苔藓把入口重新堵上，把身子蜷成一团，又睡着了，它相信谁也没有发现它。它做了一个甜美的梦，梦见自己成了睡觉比赛的赢家，得了一份甜蜜的奖品：整整一千克方糖。

但是当它再次醒来，刚刚从卧室里探出身去，以便再溜进自己的粮仓填肚子时，它迎来了林中的小兽和小鸟齐声响亮的大笑。原来，有一只松鼠从树上看见小老鼠溜进自己的粮仓，便告诉了喜鹊。既然你对喜鹊说了，你就得相信这事就会让大家都知道：它会把消息传遍森林！

老鼠忍受不了长久不吃东西，它毕竟身体很小。然而，毫无办法，比赛规则对谁都是一样的。小老鼠被清除出睡觉比赛参赛者的队伍。

第二个犯规的是獾。通常它在自己洞里睡上一冬都不会中途醒来，可现在不知是身上越冬的脂肪储备不足还是它在洞里嗅到了解冻的气息，它醒了。于是它忘了规则，睡意蒙眬地爬出了洞穴。当然，它也立马被算作终止了睡眠。

大家也打算把熊除名。它干吗在冬季中途从自己洞穴的小窗用浑浊的绿眼睛向外望！但是熊要大家相信这是它在梦游，它仍在睡觉，而且4月以前不会爬出自己洞穴——不信，你们去问《森林报》。

结果呢——这是对的。不过得奖的仍然不是熊，而是大耳蝠。它双腿向上倒挂着睡到5月，中间没有醒来，直至空中开始飞舞有翅膀的昆虫，它有食可吃的时候。

忍饥挨饿月

（冬二月）

1 月 21 日至 2 月 20 日　　太阳进入宝瓶星座

一年——分 12 个月谱写的太阳诗章

“1 月”，民间这样说，“是向春季的转折，是一年的开端，是冬季的中途：太阳向夏季转向，冬季向严寒行进。”新年以后，白天如同跳跃的兔子——变长了。

大地、水面和森林都盖上了皑皑白雪，周遭万物似乎沉入了永不苏醒的酣睡之中。

在艰难的时日，生灵非常善于披上死亡的伪装。野草、灌木和乔木都沉寂不动了。它们沉寂了，却没有死亡。

在寂静无声的白雪覆盖下，它们蕴藏着勃勃生机，蕴藏着生长、开花的强大力量。松树和云杉完好无损地保存着自己的种子，将它们紧紧地包裹在自己拳头状的球果里。

冷血动物在隐藏起来的同时都僵滞不动了。但是它们同样没有死亡，就连螟（míng）蛾这样柔弱的小生命也躲进了自己的藏身之所。

鸟类尤其具有热血，它们从来不冬眠。许多动物，甚至小小的老鼠，整个冬季都在奔走忙碌。还有一件事真叫奇怪，在深厚积雪下的洞穴中冬眠的母熊，在 1 月份的严寒里，居然还产下了未开眼的小熊崽，而且用自己的乳汁喂养它们到春季，尽管它整个冬季什么也不吃！

凛冽的寒风穿过丛林，掠过树梢，透过羽毛，吹醒了恐惧。在1月这个最冷的月份，森林居民离开的离开，躲藏的躲藏，本就萧索沉闷的森林更显空荡，这种情况对森林的食肉者们可不太友好，它们能否抓到猎物，饱餐一顿，熬过这个严寒冬月呢？

林间纪事

森林里冷啊，真冷！

凛冽的寒风在毫无遮蔽的田野上踯躅（zhízhú，徘徊不进的样子）徘徊，在光秃秃的白桦和山杨之间急速地扫过森林。它钻进紧紧收拢的羽毛，透进稠密的皮毛，使动物的血液变得冰凉。

鸟类无论在地上还是树枝上，都待不住：一切都盖上了白雪，爪子已经冻僵。它们应当跑呀，跳呀，飞呀，但求让身子暖和起来。

要是有温暖、舒适的洞穴和窝栖身，又有充足的食物储备，它们一定十分惬意，把肚子吃得饱饱的，把身子蜷缩成一团，就呼呼大睡。

吃饱了就不怕冷

兽类和鸟类所有的操劳就为了吃饱肚子。饱餐一顿可以使体内发热，血液变得温暖，沿各条血管把热量送到全身。皮下有脂肪，那是温暖的绒毛或羽毛外套里极好的衬里。寒气可以透过绒毛，可以钻进羽毛，可是任何严寒都穿不透皮下的脂肪。

如果有充足的食物，冬天就不可怕。可是，在冬季里到哪儿去弄食物呢？

狼在森林里徘徊，狐狸在森林里游荡，可是森林里空空荡荡，所有的兽类和鸟类躲藏的躲藏，飞走的飞走。渡鸦在白昼飞来飞去，雕鸮在黑夜里飞来飞去，都在寻觅猎物，可没有猎物。

在森林里饿啊，真饿！

跟在后面吃剩下的

渡鸦首先发现一具动物尸体。

咯！咯！整整一群渡鸦鸣叫着飞到上面，正要开始它们的晚餐。

天色已经向晚，正在黑下来，月亮出现在天空中。

林中传出呜呜的叫声：

呜——呜呜！……

渡鸦飞走了。雕鸮从林子里飞出来，落到了尸体上。

它刚开始享用自己的正餐，用钩嘴撕扯着一块儿肉，转动着耳朵，眨巴着白色的眼皮，突然雪地上传来了瑟瑟的脚步声。

雕鸮飞到了树上。狐狸扑到了尸体上。

咔嚓，咔嚓，牙齿正在撕咬。它来不及吃个痛快——狼来了。

狐狸钻进了灌木丛——狼扑上了尸体。它的毛都竖了起来，牙齿像刀一样锋利，撕咬着尸肉，嘴里得意地唔唔叫个不停，周围什么声音它都没有听见。它不时抬起头，把牙齿咬得咯咯响——谁也别靠近！于是，又继续自己的好事。

突然，它的头顶一个浑厚的声音发出了咆哮。狼吓得蹲到了一边，夹紧了尾巴——随即溜之大吉。

森林之主——熊大人大驾亲临了。

这时，谁也别想靠近。

到黑夜将尽，熊用完正餐，睡觉去了。狼却跟在后面候着。

熊走了，狼就吃上了。

狼吃饱了，狐狸来了。

狐狸吃饱了，雕鸮飞来了。

雕鸮吃饱了，这时渡鸦才飞拢来。

已是黎明时分，它们在免费餐厅里吃了个饱，留下的只是残渣一堆。

冬芽在哪儿过冬

现在，所有植物都处在休眠状态。但是它们正在准备迎接春天的来临，而且绽放出了自己的冬芽。

那么，这些冬芽在哪儿过冬呢？

对树木而言，冬芽在离地面很高的地方。而对草来说，情况就各不相同了。

就说林中的繁缕吧，冬芽被耷拉到地面的茎上的叶子包着。它的冬芽是活的，而且碧绿，叶子却从秋天起就已发黄干枯，整个植株看起来仿佛已经死亡。

蝶须、卷耳、阔叶林中的草及其他低矮的小草在雪下不仅保护自己的冬芽，也保护自己不受伤害，以便以绿色的姿态迎接春天。

这表明，这些小草的冬芽都在地面以上的地方过冬，即使离地面不高。

另外，有些植物的冬芽过冬的地方不一样。

去年的艾蒿、旋花、草藤、睡莲和驴蹄草，现在在地面上除了半腐烂的叶和茎，已什么也没有留下了。

如果要找它们的冬芽，你可以在紧靠地面的地方找到。

草莓、蒲公英、三叶草、酸模、千叶蓍（shī）的冬芽也在地面上，但它们被绿色的莲座叶丛所包围。这些植物也是从雪下长出来时就已经是绿油油的了。还有其他许多草类冬季里把自己的冬芽保存在

地下。在地下过冬的有银莲花、铃兰、舞鹤草、柳穿鱼、柳兰和款冬等长在根状茎上的冬芽，野蒜和顶冰花长在鳞茎上的冬芽，紫堇长在块茎上的冬芽。

这就是地上植物的冬芽越冬的所在。水生植物的冬芽，则在池塘和湖泊的底部，把自己埋进淤泥里过冬。

H. M. 帕甫洛娃

小屋里的山雀

在忍饥挨饿月，每一头林中野兽、每一只鸟儿都向人的住处靠近。这里比较容易找到食物，从废弃物里得到一些食物。

饥饿能压倒恐惧。谨小慎微的林中居民不再惧怕人类。

黑琴鸡和山鹑钻到了打谷场、谷仓；兔子来到了菜园；白鼬和伶鼬在地窖里捉老鼠和家鼠；雪兔常到紧靠村边的草垛上啃食干草。在我们记者设于林中的小屋里，一只山雀勇敢地从敞开的门户飞了进来，这只黄色的鸟儿两颊白色，胸脯上有一条黑纹。它对人毫不理睬，开始啄食餐桌上的面包屑。

主人关上了门，于是山雀成了俘虏。

它在小屋里住了整整一星期。我们倒没有碰它，但也没有喂它。不过，它一天天地明显胖了起来。它成天在整个屋子里捕猎。寻找蛐蛐、沉睡的苍蝇，捡拾食物碎屑，到夜里就钻进俄式炉子后面的缝隙里睡觉。

几天以后它捉光了所有的苍蝇和蟑螂，就开始啄食面包，用喙啄坏书本、纸盒、塞子——凡是它眼睛看得见的都要啄。

这时主人就开了门，把这小小的不速之客逐出了小屋。

我们怎么打了一回猎

一天早晨，我和爸爸去打猎。这是一个很冷的早晨。雪地里有许多脚印。就在这时，爸爸说："这是新鲜的脚印，这儿的不远处有一只兔子。"

爸爸派我沿着足迹去跟踪，他自己却留下来等候。当你把兔子从卧伏的地方赶起以后，它总是走一个圈儿，再沿自己的足迹往回跑。

我沿着它的足迹走。脚印很多，但我坚持继续前进。不久，我把它赶了起来。它趴在一丛柳树下。受惊的兔子走了一个圈儿，就踩着自己的老脚印走了。我焦急地等待着枪声。过了一分钟，又一分钟。突然在刚开始的寂静中响起了枪声。我朝枪声方向跑去。不久，我看见了爸爸。离他大约10米的地方，一只兔子倒在地上。我捡起兔子，我们就带着猎物回家了。

驻林地记者　维克多·达尼连科夫

老鼠从森林出走

森林里的许多老鼠储备的食物已经不足了。为了免遭白鼬、伶鼬、黄鼬和其他食肉动物的捕食，许多老鼠逃出了自己的洞穴。

可是，大地和森林都被积雪覆盖着，没东西可以吃，一整支忍饥挨饿的老鼠大军开出了森林。粮食仓库面临严重威胁，我们应当有所警惕。

跟随着鼠迹而来的是伶鼬。但要将所有老鼠捉尽和彻底消灭，它们的数量还太少。

请保护粮食免遭啮齿动物的损害！

法则对谁不起作用

现在，林中的居民都在因严酷的冬季而啼饥号寒。林中法则：在冬季，要竭尽所能拯救自己，摆脱寒冷和饥饿。但是在冬季鸟儿最好不要孵小鸟，小鸟的哺育要在夏季，那时候气候温暖，食物充足。

说得不错，可是如果有谁觉得冬季森林中充满食物，那这条法则对它就不起作用。

我报记者在一棵高高的云杉上发现了一只小鸟的窝。鸟窝所在的树杈上面盖满了白雪，窝里却放着鸟蛋。

第二天我们的记者来到了这里，正好碰上冻得牙齿咯咯响的大冷天，大家的鼻子都冻得通红，一看窝里已孵出了小鸟。它们赤裸裸地趴在雪中央，还没有睁开眼。

真是天下奇事！

其实什么奇事也没有，这是一对红交嘴鸟孵出的小鸟。

交嘴鸟在冬天一不怕冷，二不怕饿。长年可以在森林里见到一群群这样的小鸟。它们快乐地此呼彼应，从一棵树飞向另一棵树，从一座林子飞向另一座林子。它们终年过着居无定所的生活：今天在这里，明天在那里。

春季里所有的鸣禽都成双结对，为自己挑选地方，在那里生活，直到孵出小鸟。

而交嘴鸟这时却成群结队地在所有林子里飞来飞去，在哪儿也不久留。

在它们热热闹闹的飞行队伍里，通年可以见到老鸟和年轻的鸟儿在一起。仿佛它们的小鸟就是这样在空中和飞行中出生的。

在我们列宁格勒，人们还把交嘴鸟称为“鹦鹉”。给它们冠以这样的称号是因为它们鲜艳靓丽的羽毛像鹦鹉，还因为它们也像鹦鹉一样爬上小横杆转来转去。雄交嘴鸟长着不同色调的橙黄色羽毛，雌鸟和小鸟则是绿的和黄的。

交嘴鸟的爪子有抓力，喙抓东西很灵巧。交嘴鸟喜欢头朝下把身子挂着，爪子抓住上面的树枝，嘴咬住下面的树枝。

有件事令人感到完全是个奇迹，那就是交嘴鸟死后尸体很久不腐烂。一只老交嘴鸟的尸体可以放上大约20年，一根羽毛也不会脱落，而且没有气味，像木乃伊一样。

但是，交嘴鸟最有趣的是它的喙。这样的喙，别的鸟儿是没有的。

交嘴鸟的喙是十字形交叉的：上半片喙向下弯，下半片向上弯。

交嘴鸟的喙是一切奇迹产生的关键和谜底。

它生下来的时候喙是直的，跟所有鸟类一样。但是一等它长大，它就开始用喙从云杉和松树的球果里啄取种子。这时它那还软的喙就开始弯成十字形，而且终身保持这个样子。这对交嘴鸟是有好处的：十字形的喙，从球果里剥出种子要方便得多。

现在一切都明白了。

为什么交嘴鸟一生都在森林里游荡？

那是因为，它们一直在寻找球果收成好的地方。今年，我们列宁格勒州球果收成好，它们就待在我们这儿。明年北方什么地方球果收成好，它们就去往那里。

为什么交嘴鸟到冬天还大唱其歌，并且在雪中孵小鸟？

既然四周食物应有尽有，它们干吗不唱歌，不孵小鸟？窝里暖和着哩——里面既有羽绒又有羽毛，还有软绵绵的毛毛，雌鸟自生下第一个蛋，就不出窝了。雄鸟会给它衔来吃的。

雌鸟趴在窝里，孵着卵，一旦小鸟出壳，它就喂它们在自己嗉囊里软化了的云杉和松树的种子。要知道，云杉和松树通年树上都有球果。

有一对鸟相恋了，想住自己的屋子生下孩子，它们就飞离了鸟群，反正无论冬季、春季还是秋季对它们都一样（每一个月交嘴鸟都能碰到窝）。窝安顿好了，住下了，等小鸟长大，一家子又回到鸟群中。

为什么交嘴鸟死后变成木乃伊？

原因是它们吃球果种子。在云杉和松树的种子里有许多松脂。

有时一只老交嘴鸟在漫长的一生中吸收这种松脂，就如靴子上涂松焦油一样。松脂使它的身体死后不腐烂。

埃及人不也是在自己已故的亲人身上抹松脂吗，这样就做成了木乃伊。

应变有术

深秋时节一头熊替自己在一个长满小云杉树的小山坡上选中了一块地方做洞穴。它用爪子扒下一条条窄小的云杉树皮，带进山坡上的土坑里，上面铺上柔软的苔藓。它把土坑周围的云杉从下部咬断，使它们倒下来在坑上方形成一个小窝棚，然后爬到下面安然入睡了。

然而不到一个月，一条猎狗发现了它的洞穴，虽然它逃离了猎人的射杀，但只能在雪地里冬眠，在听得见声音的地方睡觉。即使在这里，猎人还是找到了它，它仍然勉强脱逃。

于是它第三次躲藏起来，而且找了个谁也想不到该上哪儿去找它的地方。

直到春天人们才发现，它高明地睡在了高高的树上。这棵树曾被风暴折断过，它上部的枝杈就一直向天空方向生长，长成了一个坑形。夏天老鹰找来枯枝架到这儿，再铺上柔软的铺垫物，在这儿哺育了小鹰后就飞走了。到冬天，在自己的洞穴里受到惊吓的熊就想到了爬进这个空中的“坑”里藏身。

成长启示

面对不容乐观的外部环境，随机应变才能不断发展，长久存活下去。就像自己搭建洞穴的熊，在洞穴被发现后，为了能够安然越冬，一次次地去寻找新的洞穴，对猎人和猎狗的追捕应变有术。在我们的生活中不可能一直是一帆风顺的，在面临挑战与困难时，应变有术、随势而动才有可能化险为夷、柳暗花明。

要点思考

1. 在“林间纪事”中出现了许多动词，比如“蜷缩”“撕扯”“躲藏”，请结合文章来说一说它们在文中起了哪些作用？

2. 在“林间纪事”中有哪些故事让你难忘？你又从中收获了什么？

阅读链接

松 脂

在“法则对谁不起作用”中，交嘴鸟因为食用含有大量松脂的种子而使得死后身体不腐烂。这是因为松脂属于植物油脂，具有很强的抗氧化性。交嘴鸟的体内有大量的油脂，减少了水分的流失，使身体处于几乎凝止的状态。这与琥珀化石的形成，道理是相似的。

都市里在进行着一件既有意义又有意思的事。学校里的学生将彼此饲养的动物进行交换，以获得更好、更多的观察机会。他们通过这次有趣的尝试，认识了许多大自然中的伙伴，在了解它们的同时也培养了自己的兴趣。

都市新闻

免费食堂

那些唱歌的鸟儿正因饥饿和寒冷受苦受难。

心疼它们的城市居民在花园里或在窗台上为它们设置了小小的免费食堂。一些人把面包片和油脂用线穿起来，挂到窗外。另一些人在花园里放一篮子谷物和面包。

山雀、褐头山雀、蓝雀，有时还有黄雀、白腰朱顶雀和我们其他的冬季来客成群结队地光顾这些免费食堂。

学校里的森林角

无论你走到哪一所学校，那所学校里都有一个反映活生生大自然的角落。这里的箱子里、罐子里、笼子里生活着各式各样的小东西。这些小东西是孩子们在夏天远足的时候捉的。现在，他们有太多的事要操心：所有住在这里的小东西要喂食，要饮水，要按每一只小东西的习性设立住处，还得小心看住它们，别让它们逃走。这里既有鸟类，也有兽类，还有蛇、青蛙和昆虫。

在一所学校里，他们交给我们一本孩子们在夏天写的日记。看得出来，他们收集这些东西是经过考虑的，不是无缘无故的。

6月7日这天写着："挂出了公告牌，要求收集到的所有东西都交给值日生。"

6月10日，值日生的记录："图拉斯带回一只天牛；米罗诺夫带回一只甲虫；加甫里洛夫带回一条蚰蚓；雅科夫列夫带回荨麻上的瓢虫和木橐（tuó）蛾；鲍尔晓夫带回一只篱莺；等等。"

而且，几乎每天都有这样的记载。

"6月25日，我们远足到了一个池塘边，捉了许多蜻蜓的幼虫。我们还捉到一条北螈，这是我们很需要的东西。"

有些孩子甚至描述了他们捕捉到的动物："我们收集了水蝎子和水蚤，还有青蛙。青蛙有四条腿，每条腿有四个脚趾。青蛙的眼睛是黑色的，鼻子有两个小孔。青蛙有一双大大的耳朵，青蛙给人带来巨大的益处。"

冬天，孩子们凑钱在商店里买了我们州没有的动物：乌龟、毛色鲜艳的鸟类、金鱼、豚鼠。你走进屋去，那里有毛茸茸的，有赤身裸体的，也有披着羽毛的住户，有叽叽叫的，有唱着悦耳动听的歌儿的，有哼哼唧唧叫的，像个名副其实的动物园。

孩子们还想到彼此交换自己饲养的动物。夏天，一所学校抓了许多鲫鱼，而另一所学校养了许多兔子，已经安置不下了。孩子们就开始交换：四条鲫鱼换一只兔子。

这都是低年级的孩子做的事。

年龄大一些的孩子就有了自己的组织，几乎每一所学校里都有少年自然界研究小组。

列宁格勒少年宫有一个小组，学校每年派自己最优秀的少年自然界研究者到那里参加活动。在那里，年轻的动物学家和植物学家学习观察和捕捉各种动物，在它们失去自由的情况下照料它们，制作成套的动物标本；收集植物，把它们弄干燥，制成标本。

整个学年从头至尾，小组成员经常到城外和其他各处去参观游览。夏天，他们整个中队远离列宁格勒，外出考察。他们在那里住

了整整一个月，每个人做自己的事：植物学爱好者收集植物；兽类学研究者捕捉老鼠、刺猬、鼩鼱、幼兔和别的小兽；鸟类学研究者寻找鸟巢，观察鸟类；爬行动物学研究者捕捉青蛙、蛇、蜥蜴、北螈；水文学研究者捕捉鱼儿和各种水生动物；昆虫学研究者收集蝴蝶、甲虫，研究蜜蜂、黄蜂、蚂蚁的生活。

少年米丘林工作者在学校的实验园地开辟了果树和林木的苗圃。在自己不大的菜园里，他们获得了很高的产量。

所有人都就自己的观察和工作写了详细的日记。

下雨和刮风，露水和炎热，田间、草地、河流、湖泊和森林中的生灵，集体农庄庄员的农活儿，没有一样能逃脱少年自然界研究者的注意。他们研究的是我们祖国巨大而形式多样的财富。

在我国，前所未有的新一代未来的科学家、研究人员、猎人、动物足迹研究者、大自然的改造者正在成长。

树木的同龄人

我十二岁，正好和长在我们城里街道两旁的那些枫树同年——它们是在我生日那天由少年自然界研究小组的成员种下的。

请看看：枫树已有我两倍那么高了！

谢辽沙·波波夫

冬季的水面结了一层厚厚的冰，这可不妨碍捕鱼人放下诱饵，等鱼儿上钩。若是水里的鱼钩长时间没有反应，耐心极强的渔夫便再找地方，重凿一个冰窟窿。也有不需要待在河边苦等就能钓到鱼的方法，不信？我们一起来看看。

祝钓钓成功！

哪有这样的事！竟然有人会在冬天钓鱼！

为什么会这样呢？因为并非所有的鱼都像鲫鱼、冬穴鱼、鲤鱼那样喜欢睡懒觉，许多鱼只在最酷寒的时候才睡觉，而流浪汉江鳕鱼整个冬季都不睡觉，甚至还产卵——它在一二月份产卵。

“谁睡觉，谁就不用吃饭。”这是法国人说的。可是谁不睡觉，谁就得吃饭。

用带钩的鱼形金属片在冰下面往往能钓到河鲈鱼，而且收获多多。最难的是找到鱼类冬季的栖息地。

在不熟悉的河流和湖泊，只好根据某些一般特征来判断，在大致确定位置后，就在冰上开个小洞，试探一下是否有鱼儿上钩。依据的特征有以下这些：

如果河流来了个急转弯，而转弯的地方又处在高峻的陡岸下，那么这儿可能就有个漩涡，是水很深的所在，在冷天河鲈鱼就会成群地在此聚集。在清清的林间小溪流入湖泊或河流的地方，在河口下游不远处应该有一个坑。芦苇和席草只长在水浅的地方，从那里往湖泊和河流延伸开去的水域就开始形成锅形水底，应当在这里寻找鱼类的栖息地。

捕鱼人用冰镩（cuān）在冰上凿一个直径为20~25厘米的窟窿。他们将系在用牛筋或毛发捻成的钓丝上的带钩鱼形金属片向窟窿里

放。起先把它一直放到水底，以便探测深度，然后用短促的动作一上一下、一上一下地拉动钓丝，但已不再触及水底。金属片摇晃着，在水里明晃晃地闪动，像一条活鱼。河鲈鱼担心猎物从它身边溜走，纵身一跳扑过去咬它——于是把它连鱼钩一起吞了下去。如果没有鱼儿上钩，渔夫就转到别处开一个新的窟窿。

捕捉夜间流浪汉江鳕鱼，需要用冰下钓鱼绳。这是一根短短的细绳，上面系着几根用线或马鬃（zōng）搓成的短钓丝。钓丝的数目是3～5根，系在细绳上彼此分开，相隔70厘米。鱼钩上扎上诱饵：或是小鱼片，或是蚯蚓。在细绳一端系上坠子，把它下到水底，冰下的水流就把连着诱饵的钓丝一根一根地带走。细绳的另一端系着一根棒子。将棒子横搁在冰窟窿上，把它一直留到次日早晨。捕捉江鳕鱼的好处是，不必像钓河鲈鱼那样在河面上挨冻。早晨你走来，拿起杆子，钓鱼绳上便有长长滑滑、身上带虎皮纹的鱼儿在挣扎，它身体两侧扁扁的，下巴上有一根小须，这就是江鳕鱼。

狩猎真是一个刺激的冒险行为！有些人因此丧命，有些人命悬一线，有些人满载而回，有些人血本无归。与野兽搏斗，不仅需要丰富的经验，还要时刻小心谨慎，在生死角逐的关键时刻，决不能有一刻的放松懈怠。

狩猎纪事

冬季正是猎取大型猛兽——狼和熊的大好时机。

冬末是森林里饥荒最严重的时间。因为饥饿，狼成群结队，壮着胆子在紧靠村庄的地方出没。熊要么在洞里睡觉，要么在林子里东游西荡。“游荡者”是这样一些熊：它们一直到深秋还在吃动物尸体，还在咬死牲畜，所以来不及准备冬眠，现在就躺在听得到声音的地方——雪地上。游来荡去的还有那样一些熊，它们在洞里受到了惊吓，就不再回到洞里去，又不为自己寻找新的洞穴。

捕猎游荡的熊用围猎的方法，踩着滑雪板，带着猎狗。猎狗在很深的雪地里驱赶它们，直到它们停下不走为止。猎人就踩着滑雪板在后面紧紧地追。

捕猎猛兽可不比猎鸟，随时都会发生猎物变成了猎人，猎人变成了猎物的事。

在我们州，狩猎过程中这样的事是经常发生的。

带着小猪猎狼

这是一种危险的狩猎方式，很少有人这么大胆，敢在黑夜里独

自到田野里，身边没有同伴。

然而有一次，有了这么大胆的一个人。他让马驾上无座雪橇，拿着猎枪，带着装在袋子里的小猪，黑夜里趁着满天的月色出了村寨。

周围一带的狼有点儿不安分，农民们不止一次抱怨它们肆无忌惮：野兽竟大摇大摆地进到村子里面来了。

猎人拐了个弯，离开了车道，悄悄地沿着林边驰上了一片荒地。

他一手牵着缰绳，一手时不时地去揪小猪的耳朵。

小猪的四条腿被捆住了，它躺在袋子里，只有脑袋露在外面。

小猪的职责是发出尖叫把狼引过来。它当然用尽平生之力不停尖叫，因为小猪耳朵很嫩，被揪耳朵时，它感到很痛。

狼没有让猎人久等。不久，猎人发现森林里有一点一点的绿中带红色的火光。火光不安地在黑魆（xū）魆的树干之间来回游移。这是狼的眼睛在闪烁。

马打起了响鼻，开始向前狂奔。猎人好不容易用一只手驾驭着它，他的另一只手要不住地揪小猪耳朵。狼还不敢向坐人的雪橇发起攻击，只有小猪的尖叫能使它们忘却恐惧。

狼看清了：在雪橇后面有一根长长的绳子拖着一只袋子，在土墩和坑洼上颠簸（bǒ）。

袋子里装满了雪和猪粪，可狼却以为里面装着小猪，因为它们听到了小猪的尖叫，也闻到了小猪的气味。

小猪肉可是美味佳肴。当小猪就在这里，在狼耳旁尖叫时，它们就会忘记危险。

狼壮起了胆。它们蹿出森林，冲向雪橇的是整整的一群——六头、七头、八头身强力壮的野兽。

在开阔的野地里，猎人在近处看上去觉得它们很大。月光会骗人，它照在野兽的毛上，使野兽看上去似乎比实际上的个头儿大。

猎人放开小猪耳朵，抓起了猎枪。

走在前面的一头狼已经赶上颠簸着的那袋雪。猎人瞄准了它肩胛以下的地方，扣动了扳机。

前面的那头狼一个跟头滚进了雪地里。猎人把另一个枪筒里的

子弹打了出去——对着另一头狼，但是马冲了起来，他打偏了。

猎人用双手抓住缰绳，好不容易控制住了马。然而，狼群已消失在森林里了。只有一头留在老地方，在临死前的抽搐中用后腿挖着雪。

这时，猎人把马完全停了下来。他把猎枪和小猪留在雪橇上，徒步去捡猎物。

夜里，村里发生了一件令人匪夷所思的事：猎人的马独自跑进了村，却没有乘坐的人。在宽阔的雪橇上，放着没有上膛的猎枪和捆绑着四腿、可怜地哼哼叫着的小猪。

到天亮时，农民们走到野地里，从足迹上读出了夜里发生的事。

事情的原委是这样的：

猎人把打死的狼扛上了肩就向雪橇走去。他已走到离雪橇很近的地方了，这时马闻到了狼的气息，吓得打了个哆嗦，向前一冲，就飞奔起来。猎人独自和死狼留了下来。他随身连小刀也没有带，猎枪又落在了雪橇上。狼却已经从恐惧中回过神来。一群狼全部走出森林，围住了猎人。

第二天，农民们在雪地上只发现了一堆人骨和狼骨：狼群连自己的同伴也吃了。

上述事件发生在60年前。从此以后，再没有听说狼攻击人的事。狼只要不发疯或受伤，连不带武器的人它也害怕。

在熊洞上

另一件不幸的事发生在猎熊的时候。

守林人发现了一个熊洞。他们从城里叫来了一个猎人，带了两条莱卡狗，悄悄走近一个雪堆，野兽就睡在雪堆下面。

猎人站在雪堆的侧面。熊洞的入口一般总是对着太阳升起的方向。野兽从洞里跳出以后，通常向着南方去。猎人站的位置应当能使他从侧面向熊开枪——打它的心脏。

守林人从雪堆后面走过去，放开了猎狗。

两条猎狗闻到野兽气味后，就开始狂暴地向雪堆冲去。它们发出的喧闹声使熊不得不醒过来。但是，熊半天没动静。

突然，从雪里面伸出长着利爪的黑色脚掌，差点儿没抓着其中的一条猎狗。那条猎狗尖叫着跳到了一边。

这时，野兽猛地一下从雪堆里蹿了出来，仿佛一大块黑色的泥土。出乎意料的是，它没有向侧面冲去，而是直接冲向了猎人。

熊的脑袋低垂着，挡住了自己的胸口。猎人开了一枪。子弹从野兽坚硬的头盖骨上擦过，飞向了一边。野兽被脑门上强力的一击激得发狂了，便将猎人扑倒在地，压在了自己身子下面。

两条猎狗咬住熊的臀部，挂在熊身上，但无济于事。

守林人吓破了胆，毫无作用地叫喊着，挥舞着猎枪。反正也不能对它开枪，因为子弹可能伤及猎人。

熊用可怕的爪子一下把猎人的帽子连同头发和头皮抓了下来。

接下来的一瞬间，熊向侧面翻过身去，开始吼叫着在洒上鲜血的雪地里打滚——猎人没有惊慌失措，他拔出短刀，捅进了野兽的肚子。

猎人活下来了。熊皮至今还挂在他床头。但是，现在猎人的头上仍然包着一块厚头巾。

对熊的围猎

1月27日，塞索伊·塞索伊奇没有回家，从森林里出来就直接去了相邻农庄的邮局。他给列宁格勒一位自己熟悉的医生，也是一个捕熊的猎人，发了份电报：“找到了熊洞，来吧。”

第二天来了回电：“我们三人2月1日出发。”

塞索伊·塞索伊奇开始每天早晨去察看熊洞。熊在里面睡得沉沉的。在洞口外的灌木上每天都有新结的霜——野兽呼出的热气到达了这里。

1月30日，塞索伊·塞索伊奇检查过熊洞后遇见了同农庄的安德烈和谢尔盖。两位年轻的猎人正准备到森林里去打松鼠。他想提醒他们别到熊洞所在的那座林子去，但转而一想：两个小伙子正年轻，好奇心重，知道了反而更想去看看熊洞，把熊吵醒。所以他没吭声。

31日清晨，他来到这里，不禁"啊"地大叫了一声——熊洞翻乱了，野兽逃走了！离洞50步的地方，一棵松树倒下了。看来谢尔盖和安德烈向树上的松鼠开了枪，松鼠卡在枝丫上了，所以他们就砍倒了这棵树。熊被吵醒，就逃走了。

两个猎人滑雪板的印痕是从被砍倒的树的一边延伸出去的，而野兽的足迹从熊洞去了另一方向。幸好在茂密云杉林的遮掩下两个猎人没有发现熊，也没有去追赶。

塞索伊·塞索伊奇不失时机地沿着熊迹跑了过去。

第二天傍晚，两位熟悉的列宁格勒人——医生和上校到了，和他们一起来的还有第三位，一位态度傲慢、身材魁梧的公民，他蓄着一撮乌黑发亮的唇须和精心修剪过的胡子。

塞索伊·塞索伊奇第一眼见到他就不喜欢他。

"哼，倒够挺括〔（衣服、布料、纸张等）较硬而平整〕的，"小个儿猎人打量着陌生人，心里想道，"你装吧，年纪不轻了，可整个脸还红通通的，胸膛挺得跟公鸡似的。哪怕有一撮白头发也好啊。"

尤其叫塞索伊·塞索伊奇窝心的是，他在这个傲慢的城里人面前承认自己没有看住野兽，对熊洞掉以轻心了。他说熊待着的那片林子找到了，还没有它出逃的足迹。不过，野兽现在当然睡在听得见声音的地方，在雪面上。现在，只能用围猎的办法把它弄到手。

傲慢的陌生人听到这个消息，鄙夷地皱起了眉头。他什么也没有说，只问野兽个头大不大。

"脚印很大，"塞索伊·塞索伊奇回答说，"野兽的重量不会少于200千克，这点我可以保证。"这时傲慢的人耸了耸像十字架一样笔挺的肩膀，对塞索伊·塞索伊奇连看都不看，说道："请我们来是看熊洞的，却只好围猎了。围猎的人究竟会不会把熊往猎人跟前赶啊？"

这个侮辱性的疑问刺痛了小个儿猎人，但是他没搭腔。他只在

心里想："赶是会赶的，你等着瞧，可别让狗熊杀了你的威风。"

他们开始商讨围猎的计划。塞索伊·塞索伊奇提醒说，面对如此巨大的野兽应当在每个猎人身后配备一名后备射手。

傲慢的那位强烈反对："如果谁对自己的射击技术没有信心，那就不该去猎熊。干吗还要定个位置给'保姆'？"

"好一个勇敢的汉子！"塞索伊·塞索伊奇暗想。

这时，上校却坚定地表示，谨慎从来不会坏事，所以后备射手是很有必要的。医生也附和他的意见。

傲慢的那位不屑地瞟了他们一眼，耸了耸肩，说："你们既然害怕，就照你们说的做吧。"

次日早晨，塞索伊·塞索伊奇趁天还没有亮就叫醒了三个猎人，然后自己去把帮助围猎的人召集来。

他回到农舍时，傲慢的那位从一只包着丝绒面的轻便小箱子里取出两把猎枪。装枪的箱子有点儿像提琴箱。塞索伊·塞索伊奇看了挺羡慕的——这么棒的猎枪他还没见过。

傲慢的那位收起枪，开始从箱子里掏出弹壳金光锃亮、弹头有圆也有尖的一发发子弹。这样做的时候，他告诉医生和上校，他的枪有多好，子弹有多厉害，他在高加索如何打野猪，在远东如何打老虎。

塞索伊·塞索伊奇虽然不露声色，但心里觉得自己更矮了一截。他非常想更近地凑过去好好见识见识这两把了不起的猎枪，不过，他仍然没有勇气请求让他亲手拿拿这两把枪。

天刚亮，长长的雪橇队就出了村。走在前头的是塞索伊·塞索伊奇，他后面是四十个围猎的人，最后是三个外来人。

在距熊藏身的那座林子1000米的地方，整个雪橇队停了下来。三个猎人钻进了土窑去烤火取暖。

塞索伊·塞索伊奇乘滑雪板去察看野兽和分布围猎的人。

看上去一切正常，熊也没从被围困的地方出走。

塞索伊·塞索伊奇把呐喊驱兽的人呈半圆形分布在林子的一侧，在另一侧布置不发声音的一拨人。

对熊的围猎不同于对兔子的围猎。呐喊驱兽的人不用拉网似的

从林子里走过去。他们在整个围猎过程中始终站在原地。不发声音的人分布在呐喊驱兽的人到射击线之间的两翼，以防野兽离开呐喊的人朝侧面逃奔。不发声音的人不可以叫喊。如果野兽向他们走去，他们只可摘下帽子对着野兽挥舞。他们这样做就足以使熊进入射击范围。

分布好围猎的人，塞索伊·塞索伊奇就跑到猎人那儿，把他们带到各自的位置。一共有三个位置，彼此相距25～30步。小个儿猎人应当把熊赶上这条总共才100步宽的狭窄通道。

在一号位置上，塞索伊·塞索伊奇安排了医生，在三号位置上安排了上校，那位傲慢的公民被安排在中间，也就是二号位置。这里是退路——熊进入林子留下足迹的地方。熊从藏身地逃走时，通常是走进来的路线。

在傲慢的那位后面，站着年轻猎人安德烈。选择他是因为他比谢尔盖有经验，也有耐心。

安德烈是以后备射手的身份站在那里的。后备射手只有当野兽突破射击线或扑向猎人时才可开枪。

所有的射手都穿着灰色长袍。塞索伊·塞索伊奇悄声下达了最后的命令：不许喧哗，不许抽烟，呐喊声响起后原地一动也不动，尽可能放野兽靠近。然后他又跑到呐喊的人那里去了。

经过了令猎人心焦的半个小时。

终于，猎人的号角吹响了——两下拖长了调子、低沉的号角声顿时响彻了落满白雪的森林，仿佛在冰冷的空中冻住了，久久不肯散去。

随之而来的是短暂的寂静瞬间。突然一下子爆发出呐喊驱兽人的说话声、呼叫声、呐喊声，每个人都施展出各自的本领。有人用男低音呼叫，有人装狗叫，有人发出难听的猫的尖叫。

用号角发过信号后，塞索伊·塞索伊奇和谢尔盖一起乘滑雪板飞速向林子跑去——激起野兽。

对熊的围猎不同于对兔子。除了呐喊和不出声的围猎者，还得设立双层包围，其作用是把熊从睡觉的地方激起来，使它往射手的方向跑。

塞索伊·塞索伊奇从足迹上知道，这野兽个头儿很大。但是，当一个像板刷一样毛茸茸的黑色野兽背脊出现在云杉树丛的上方时，小个儿猎人打了个哆嗦，惊慌之中他胡乱对空中开了一枪，同时和谢尔盖异口同声叫了起来："跑了，跑——了！"

对熊的围猎确实和对兔子不一样。这中间要经过长时间准备，而打猎时间却很短。但是由于长时间激动不安的等待和对危险的估计，在这次打猎过程中射手们觉得一分钟像半个小时那么长。当你看到野兽或听见邻近位置上的枪声，从而明白不等你动手一切就已结束时，那就够你受的了。

塞索伊·塞索伊奇冲上前去追熊，想让它拐向该去的地方，可是徒劳无功——要赶上熊是不可能的。在那里，人如果不踩滑雪板，每一步都会陷入齐腰深的雪中，而且要从雪中拔腿又谈何容易；可是熊走起来却像坦克一样，只听到它一路上压断灌木和树枝的咔嚓声。它走起来像一艘滑行艇——一种带空中螺旋桨的机动小艇，在两边扬起两道高高的雪粉，仿佛两只白色翅膀。

野兽在小个儿猎人的视野里消失了。但是没过两分钟，塞索伊·塞索伊奇就听到了枪声。

塞索伊·塞索伊奇用一只手抓住了就近的一棵树，以便止住飞驰的滑雪板。

结束了？野兽打死啦？

然而，回答他的是第二声枪响，接着是绝望的一声喊叫，恐惧和疼痛的喊叫。

塞索伊·塞索伊奇拼命向前冲去，朝着射手的方向。

他赶到中间那个位置时，正好上校、安德烈和脸色像雪一样煞白的医生揪住熊的毛皮，把它从倒在雪地里的第三个猎人身上拉起来。

事情经过是这样的：熊顺着自己的退路走，正对着二号位置。猎人忍不住了，在60步远的距离朝野兽开了一枪，当时照理应当在10~15步的距离开枪的。当这么大一头看似笨拙的野兽以如此快的速度奔袭而来时，只有在这样的距离，子弹才能准确无误地击中它的头部或心脏。

从上好的猎枪射出的开花子弹，在野兽的左后大腿上开了花。野兽痛得发狂了，就扑向了射手。那位猎人忘记他的猎枪里还有子弹，而且自己身边还有一个有备用猎枪的人，完全慌了神。他丢掉猎枪，掉头想跑。

野兽使尽全力向使自己吃亏的人的背部打去，把他压在了雪地里。

安德烈——后备射手——毫不含糊，他把自己的枪管捅进张开的熊嘴，扣了两下扳机。可双筒枪卡壳了，打出了可怜的噗噗两下哑枪。

站在邻近三号位置的上校看见了这一切。他看到邻近的伙伴生命受到威胁，应该开枪。但他知道如果打偏了，他自己就会把邻近的伙伴打死。上校跪下一条腿，对着熊的脑袋开了一枪。

巨大野兽的前半身猛地挺了起来，在空中僵持了一瞬间，随即突然沉重地落到躺在它下面的人身上。

上校的子弹穿过了它的颞颥（nièrú，头部的两侧靠近耳朵上方的部位），顿时叫野兽送了命。

医生跑到了跟前，他和安德烈还有上校三人一起抓住打死的野兽，不管下面的猎人是死是活，也要把他解救出来。

这时塞索伊·塞索伊奇也赶到了，就跑上前去帮忙。

大家把沉重的熊尸搬开，把猎人扶了起来。猎人活着，而且完好无损，只是脸色白得像死人，因为熊还来不及撕掉他的头皮。但是，他无法正面看着别人的眼睛。

他被放上雪橇送到了农庄里。在那里他恢复了常态，尽管医生一再劝他留下来过夜，休息休息再上路，他还是拿了熊皮去了火车站。

“唔——是啊，”在讲完这件事后塞索伊·塞索伊奇若有所思地补充说，“我们忽略了一件事——不该把熊皮给他。他现在也许正在很多人家的客厅里大吹大擂，说他打死了一头熊，说那野兽差不多有300千克重……真是个吓人的家伙！”

本报特派记者

射靶：竞赛十一

1. 什么样的动物更觉得冷，大的还是小的？

2. 熊躺到洞里冬眠时，是瘦的还是胖的？

3. “狼靠腿勤饱肚子”是什么意思？

4. 为什么冬季储备的木柴比夏季储备的值钱？

5. 如何从砍伐树木后留下的树墩得知这棵树的年龄？

6. 为什么所有的猫（家猫、野猫、猞猁）都比狗（狼、狐狸）爱清洁得多？

7. 为什么冬天许多野兽和鸟类要离开森林，贴近人的居处？

8. 是否所有的白嘴鸭都离开我们去越冬？

9. 冬季蛤蟆吃什么？

10. 什么动物被称为“不冬眠的动物”？

11. 蝙蝠在何处越冬？

12. 是否所有兔子在冬季都是白色的？

13. 什么鸟的雌鸟比雄鸟体型大，而且力气也大？

14. 为什么交嘴鸟死后，尸体即使在温暖的环境也经久不烂？

15. 站着一个人，头戴尖尖帽子，不是自己缝制，也不是抢来的东西，更不是羔羊皮做的。（谜语）

16. 我和沙子一样渺小，却能把大地盖牢。（谜语）

17. 像球一样在桌子下滚动，用手一抓却落空。（谜语）

18. 夏天东游西荡，冬天进入梦乡。（谜语）

19. 猪毛线儿穿过牛皮羊皮。（谜语）

20. 一个人带着汪汪对付咆哮，如果没有汪汪，人就会被咆哮压倒。（谜语）

21. 美丽姑娘坐在阴暗牢房，辫子留在外头。（谜语）

22. 奶奶坐在地上，补丁包在身上。（谜语）

23. 不缝不裁，身上伤痕累累，衣服穿了一层又一层，却一颗扣子也不用。（谜语）

24. 形状圆圆的却不是月亮，叶子绿绿的却不是大树，拖个尾巴却不是老鼠。（谜语）

公告："火眼金睛"称号竞赛（十）

自己阅读并讲述

自己阅读足迹，并讲述这里发生了什么。

别忘了无人照料和忍饥挨饿的动物

在忍饥挨饿月，别忘了致命的暴风雪，别忘了自己弱小的朋友——鸟类。

每天在鸟类食堂放上食物。

为小鸟安顿过夜的地方：椋鸟舍、山雀箱、在圆木上挖洞而做的鸟巢。

给山鹑放置小窝棚。

在自己同学和熟人中为饥饿的鸟儿募集捐助品。

有人捐谷物，有人捐油脂，有人捐浆果，有人捐面包屑，还有人捐蚂蚁卵。

小小的鸟儿需求得多吗？

它们中间有多少只将会被你从濒临饿死的境地中拯救出来！

哥伦布俱乐部：第十一月

化装模拟法庭 / 盗窃全民财富球果的诉讼案 / 啃毁林木诉讼案 / 谋杀五命诉讼案 / 主审法官总结陈词

哥伦布俱乐部所在地的门上，挂着一块彩绘的大公告牌：

化装模拟法庭

在此开庭

2月12日2时30分
凭哥伦布俱乐部入场券入场

在规定时间，哥伦布俱乐部全体成员及许多受邀的《森林报》读者都聚会于此，几乎所有人都穿着礼服和各种鸟兽的化装服。他们坐满了旁听席。

审判桌后面放着三张安乐椅，暂时还无人坐。中间席位上放着名牌：

主审法官

它两边放着的名牌是：

审判庭成员
树木学家

审判庭成员
林学家

桌子的左边是书记员席，右边是报告席。报告席后面是辩护席，书记员席后面是原告席。被告席设在审判桌前面，几乎处于听众之中。它的两旁坐着两人，分别扮为尖耳朵的莱卡犬和红色的赛特犬。突然，他们站起来喊道：

“起来！审判员到！”

全体起立。三位上了年纪的科学家走入庭内，分别入座。主审法官——众所周知的《森林报》合作者、生物学博士伊凡诺夫走到主审席前。占据其余两个法庭席位的是两位大胡子：树木学家和林学家。主审法官宣布：

“原告是总检长 П. Х. 列尼奥-卡尔博。”说着，主审法官坐到安乐椅里。

西、拉甫和安德三个人都没有化装，他们庄重地在辩护席入座。原告冲进法庭大厅，双手捧得满满的——一捆捕兽铁夹和木制捕兽器，肩上背着双筒猎枪和从口袋里往外戳（chuō）的弹弓。他把铁夹和捕兽器堆放在地板上，转身向着法官们说：“我刚从森林里来！”听众的理解是，他要说明，他带进庭来的是自己在森林里向某人没收（应当这样认为）来的“物证”。他把猎枪搁到铁夹上，就赶紧入座。

这时法官宣布：

“首先审理指控松鼠、花斑啄木鸟和吃云杉种子的交嘴鸟窃取大自然财富，即松树和云杉在球果中所储备的种子的案件。由 П. Х. 列尼奥-卡尔博提起公诉。法警，带被告到庭。”

莱卡犬和赛特犬猛地一下离开座位，一分钟后带来三名化装的被告，让其坐到长椅上：长有毛茸茸尾巴的灰色松鼠，穿花花绿绿小丑装的啄木鸟，戴绯色帽子、穿浅玫瑰红裤子的橙红色交嘴鸟，它长着一个别出心裁的上下颚交叉的喙。

这时，检察官霍地一下站起来说：

“法官公民们，同志们！请看看这些违法分子，这在整个冬季和夏季盗窃数千千克蕴藏在大自然中的人民财富的寄生虫！这三名被告都是我在犯罪现场和物证一起捕获的。这三者有的用牙齿，有的用喙，都从云杉和松树上摘下球果，从中掏出种子并肆无忌惮地吞食。松鼠用自己像凿子一样锐利的门牙，啄木鸟用自己像凿子一样坚硬的喙，交嘴鸟则用类似小偷用的万能钥匙的专门工具。松鼠甚至把大个儿的云杉球果整个儿啃得干干净净，只剩下中间的轴心。啄木鸟给自己准备了专门的作坊或锻（duàn）工间，把球果放到机床上，用自己的凿子加工以后就把它扔到地上，以便再加工新的球果。交嘴鸟把球果的鳞状外壳一片片抠下来到处乱扔，吃上两三颗种子就把球果像用剪子剪那样从树枝上摘下，扔到地上。这从道德层面上讲更为恶劣：既然你利用了，就该用到底，而不该随意抛弃公家的……这该怎么说呢？把人民的财物到处乱抛！交嘴鸟长年在针叶林中辗转，包括夏季和冬季，从树上揪下球果。啄木鸟和松鼠本可以好生享用干燥的松树和云杉，有一棵树就够它们想吃多少吃多少，可它们偏不！要吃种子，靠吃森林的子孙生活，坏蛋！

“考虑到这三名被告给我们热爱的祖国造成这么大的危害，犯下了这么多的恶行，原告要求对松鼠、啄木鸟和交嘴鸟都处以最高刑罚——枪决！”

整个大厅里传遍一阵惊恐、压低了声音的窃窃私语。

女画家西猛地站起来，举起一只手问法官：

“请问允许我发言吗？”

法官们点点头。

“同志们！”西热情地面向听众说，“这太可怕了！可怕！我不敢相信自己的耳朵。刚才 П. Х. 列尼奥-卡尔博关于我们这‘神秘乡’的土著居民说了些什么？把它们统统枪决？那还剩下什么该爱呢？请大家看看，松鼠是多么美丽的小东西，它是多么可爱，它所有的动作是多么优美！‘我看见棕色海员的帽带！’将这个体态苗条、披着灰色毛皮的美丽小东西用枪打死？还有这只红中带黄、长着如此可笑嘴巴的奇异鹦鹉——交嘴鸟？还有这只仿佛从童话故事中跳出来的长嘴小鸟——戴着红黑两色帽子、穿着绯色灯笼裤的啄木鸟？疯了吧！就因为它们吃了几颗球果种子，竟然有人说得出口，要把这些可爱美丽的小东西处以死刑？谁会举手赞成用枪打死它们？”

“停一停，我来说！”拉甫请求发言。

西坐了下去。诗人用激动的声音朗诵道：

> 松鼠、交嘴鸟和啄木鸟，
> 都是莽莽林海的宝宝。
> 原告使用那么多罪名将它们控告，
> 无非是徒费口舌，心劳日拙！
> 人类在婴儿时期，
> 也照样把母亲的奶水吃。
> 莫非他也要将他们，
> 同样交付审判庭？

“谁喜爱鸟类和兽类，谁就能在它们身上看见自己幼小的儿女。而 П. X. 列尼奥–卡尔博却对它们心怀仇恨，只想把它们每一只都看成罪犯。П. X. 列尼奥–卡尔博无权给它们定罪，我的话说完了。”

穿黑衣的检察官面含嘲讽的笑容，赶在法官制止他之前从座位里抛出一句话：

“当然，如果看它是多么美丽、可爱…… ”

这时安德站了起来，表情沉稳得像一座山，说道：

“我请求发言。”

他转身向着原告问道：“请告诉我，这位女公民，”安德指了指一个化装成喜鹊的女孩儿，“今年7月15日是不是您在林子里遇见了一个肩扛猎枪、手持捕兽器的人？”

“确实是这样！”

П. X. 列尼奥–卡尔博脸上挂着鄙夷的笑容，没有起立，一字一顿地说：“她遇见我扛着枪、拿着捕兽器，还能听到我开了枪并见到我正在执行公务，将现在坐在被告席上的罪犯全部抓获。怎么，也许您想请求法庭将这只喜鹊——众所周知的搬弄是非者列为证人？”

“这已经没有必要，”安德仍然和原先一样镇静地说，“因为您已经真诚地招认了。”说着他向法官转过身去。

“法官公民们！正如我的同事拉甫在辩护时已经正确指出的，交嘴鸟、啄木鸟和松鼠不能因使用了森林的馈赠而被指控有罪，原因很简单：它们本身就是森林的儿女。请大致估算一下，每年被云杉和松树名副其实地挥霍浪费掉的种子数量是多么巨大，因为它们随后在不宜生长的土地里烂掉，那样你们就清楚了，进入这些森林鸟兽胃中的只是这巨大数量中微不足道的一部分。

“当然，公诉人宣扬的是高尚的道德，没出息的交嘴鸟不知节省，耗费国家的球果，没有把所有种子都从里面挖出来，把没挖完的球果就扔了。为此，得向交嘴鸟致敬，因为它抛到地上的几乎是完整的球果，它在冬季把食物送给了我们最为珍贵的小兽——就是那只松鼠。冬季，松鼠往往很难从冰封雪盖而且很滑的松枝和云杉枝条上得到球果。它就捡起交嘴鸟抛弃的球果，在树下某一个树墩上把它吃完。

“最后还要说说啄木鸟。我们的诗人说应当热爱动物，只有这样才能做出对它们的正确判决。我想补充一点：热爱并了解动物！不错，是有那样一只花花绿绿的啄木鸟，它从树上摘下球果，把它嵌入自己那个当机床的树墩里，用坚硬得像凿子的喙捶打它。然而，坐上这被告席的根本不是那只花花绿绿的啄木鸟。这里的这一只，它的喙相比之下没那么坚硬有力，而且从不啄球果。那只啄木鸟翅膀上有白色的突出物，背部是黑的，腿部外侧的毛是红的。而这只却是阔叶林里的居民——白背花啄木鸟。它腿部外侧的毛是绯色的，翅膀是黑色的，背部却是白的，假如比较一下，每一只啄木鸟，尤其是黑背的，也就是所谓个儿大、花花绿绿的那只，在像医生一样叩击患病的树木，用自己坚固的喙啄穿坚硬的木质，从中捉出树皮里面的虫子的同时，带来了巨大、无可替代的益处，那么对啄木鸟盗窃森林财富的指控就简直可笑之至了。”

安德含笑向法官们鞠躬致意，在自己的座位上坐下。

原告在安德发表从容不迫的演说时如坐针毡（像坐在有针的毡子上一样，形容心神不宁。毡，zhān），现在总算等到了法官允许他说话的时候。

“我向你们呼吁，法官公民们！不能否定明显的事实！

“这三名被告都损毁了最为珍贵的林木品种。请记住，松木可用于建筑房屋、制作桅（wéi）杆、造纸，而云杉是世上最具音乐价值的木材——它可用于制造提琴！为这些罪犯辩护的人将会使自己

蒙受耻辱。我说完了。”

“现在休庭合议。”主审法官起立说道。

在法官们合议时，大厅里回响着嘈杂的喧哗声。一些人喊道：“他们要从严定罪了！”另一些人喊道：“我们不答应！”还有一些人喊：“不是你说了算！是专家。”另有一些人喊道：“这个穿黑衣的人是从哪儿冒出来的？他是谁？”

法官们入场了，庭内变得一片寂静。

主审法官生物学博士伊凡诺夫站着宣读判决书。

“由三名科学专家组成的生物学法庭在审理了指控松鼠、交嘴鸟和啄木鸟犯了反对国家罪，即盗窃针叶林储备种子的案件后，判决如下：由于缺乏犯罪要素，将松鼠、交嘴鸟与啄木鸟予以释放，所有指控不予采纳。”

法官们坐下，大厅里安静下来：

“现在，审理指控林鼠和棕色田鼠啃毁各种林木的案件。”

原告站了起来。

“法官公民们！这些漂亮的老鼠——我要强调一下：漂——亮——的！”他望着辩护人，用挑衅的口吻重复了一遍，“属于世界上啮齿动物中最有害的群落。夏季它们以种子为食，因而给所有品种的林木带来不可胜数的危害。它们在自己洞穴中储存大量用于越冬的谷物，充实了自己的地下粮仓。这些非常可爱的小啮齿动物用自己的牙齿给林木、田间作物，甚至人类的住所造成的巨大危害举世闻名。我们可爱而多愁善感的小姑娘和小男孩儿在此为它们辩护是毫无意义的，尽管老鼠的尾巴是长的，田鼠的尾巴是短的，但鼠类终归是鼠类！它们用牙齿啃啮。我呼吁在场的所有人为我的这一论断……做证！

“我请求传唤所有在场的化装者列队出庭。”

大家都站了起来，明显地表露出不乐意的神态，向审判台走去。报告人把他们一个个请出来，让大家按次序排好队：“紧紧跟上！跟上！”每一个人都走到法官面前说：

“我跟老鼠和田鼠很熟悉。我证明它们啃食谷物。”

队伍很快走了过去。走过的有：狐狸、黄鼬、白鼬、小小的伶鼬、熊……但这时有人叫了一声：

“喂，米沙（熊），你掺和进来干吗？”

他不好意思地用爪子稍稍遮住眼睛，回答说：

“这也是常有的事——我常常从树墩下面伸出爪子来抓耗子。我跟它们可熟了……”

接着走过的是鸟类：喜鹊、乌鸦、捕鼠的鵟（kuáng）、两种隼（sǔn）——红脚隼和红隼、长耳林鸮、灰林鸮、灰脸小鸮、鬼鸮、花头鸺鹠（xiūliú）。

“现在，”П. Х. 列尼奥-卡尔博得意地说，“整个法庭大厅里已不再有任何人敢说林鼠和田鼠没有吃种子，不曾给国家森林造成可怕的损失。结论不言而喻！我要求颁布有关采取一切手段消灭被告的命令，例如：往鼠洞内灌水，在鼠洞内投放各种毒药，使用捕兽夹、压鼠器、捕鼠器，设置诱捕林鼠和田鼠的陷阱。我的话说完了。”

三名辩护人尴尬地交换了眼色……没有要求陈词。只有拉甫在座位上坚定地说：“我坚持原先的意见。”在所有化装者尴尬和忧郁的沉默中，法官们离席去合议。

他们好久没有回来，但终于见到法官们入座了。

“在审理了指控林鼠和棕色田鼠的案件，并对有关上述啮齿动物啃啮所有种类的林木，因而给森林造成无法弥补损失的指控，经过详细讨论以后，由三名专家学者组成的生物学法庭判决如下：

“在科学家们最近研究的基础上，承认林鼠和棕色田鼠在森林的环境内其活动带来的益处要比害处更多。现在判明，这些啮齿动物不以林木种子为食，它们大量消耗的仅仅是覆盖在林地表面的草类种子。林地表面的草类覆盖物是如此稠密，使得树木幼小的嫩芽永远也无法穿透，这样在它们刚出土时草类就会使它们窒息而亡。然而，就在此时上述啮齿动物伸出援助之手，吃掉草类的一部分种子，使林地上的草类覆盖物变得大为稀薄，从而使所有种类林木的幼苗得以穿透其间而来到世上。假如没有这些小小的啮齿动物，我们所有的森林也许会被毁灭。

“生物学法庭决议：坚决拒绝完全消灭林鼠和田鼠的请求。恢

复林鼠和棕色田鼠的林籍并予以开释。刚才出现在我们面前的一长排列队远未包括全部的兽类和鸟类，我们对它们太过熟悉，令人信服地证明林鼠和田鼠有无数天敌——它们被兽类和鸟类吃掉的数量无穷无尽！假如人类不想彻底消灭这些对森林有益的啮齿动物——同时包括森林本身，那就无论如何也不应当将其录入被消灭的鼠类名单。”

主审法官向大家一鞠躬，然后坐下，大厅里爆发出雷鸣般的掌声。

被告席上现在坐着一只灰色的大鹰，林中所有野禽的死敌——苍鹰。

旁听席中传出了窃窃私语声：

“……这家伙不能轻饶了它！”

可是法官却念道：

“7月17日，公民 П. Х. 列尼奥-卡尔博偶然在林中长满苔藓的沼泽地惊起了一窝柳雷鸟。年轻的柳雷鸟这时的个子已有母鸟的四分之三大，早已会飞了。还没等这一窝鸟儿飞到林子，突然一只苍鹰闪电一般地从林边向鸟群袭来。恰好猎人的霰弹枪的两根枪管都没有了弹药，于是，苍鹰在原告的眼皮底下，在猎人重新装弹前，用爪子抓住一只幼鸟，带着它飞进了林子。

“第二天还是在这个沼泽地，苍鹰在 П. Х. 列尼奥-卡尔博的眼皮底下抓走了两只受伤的柳雷鸟和一只被打断翅膀的黑琴鸡。

“这个凶杀犯的滔天大罪还发生在初夏时节，当时，原告在林中发现了一窝小松鸡——六只还长着黄色绒毛的幼鸟。母松鸡开始把猎人从隐藏在蕨丛里的幼鸟身边引开——它们总是这么做的。它飞到地上，耷拉着两只翅膀在地面上拖着走，装出受伤的样子。猎人拿一根木棒向它身子捅去，赶得它飞了起来。但是，躲在树上的苍鹰利用了母松鸡假装不能飞行的愚蠢行为，向它猛扑过去，一把抓住了它的背脊，就这样，六只小松鸡失去了母亲。”

在报告人念完的时候，П. Х. 列尼奥-卡尔博站起来严正声明：

“案情已十分清楚，所以不用我再控告了。”

辩护人一个接一个起立。他们仍然是三个人，不过在这个有关野禽的案件中安德换成了猎人科尔克。西和拉甫拒绝为被告辩护。但是科尔克起立后说道：

“我恳请法官公民们回忆一下谢尔盖·亚历山大罗维奇·布图尔林对我们大家说过的有关挪威的柳雷鸟和黑琴鸡的事。”

主审法官生物科学博士伊凡诺夫默默地向他点了点头。法官们起立，离开了法庭。

他们的合议还没有一次进行得像这次那么长。终于，他们回到了法庭。

主审法官开始讲话，但没有按判决书念。他说：

“在宣布关于苍鹰被指控杀死五只野禽案件的判决以前，法庭决议向猎人表示谢意，而在本案中，要感谢的是辩护团的一位成员尼古拉，简单地称呼是科尔克。如果不是他的抗辩词包含了对法庭来说极其珍贵的提醒，我们三名法官也许到现在还在合议，不知该如何判决。

“请允许我告知在座各位猎人科尔克提醒的有关情况。我顺便提一下：所有猎人都极其怨恨苍鹰，因为这种可怕的猛禽可以说是专门消灭针叶林中野禽的杀手，而那些野禽却备受猎人的青睐。

“猎人科尔克表现了极大的勇气，在被告所处的紧急关头提及了我国杰出的鸟类学家谢尔盖·亚历山大罗维奇·布图尔林所说的一件有关柳雷鸟的事，此事发生在我们的邻国挪威。

“下面就是布图尔林所说的内容。

“在挪威多山的冻土带有许多柳雷鸟，猎取柳雷鸟是当地居民的一项副业。柳雷鸟在这一带唯一的重要天敌就是苍鹰，在它的利爪下有许多柳雷鸟丧生，尤其是年轻的鸟。所以，挪威人消灭了自己身边的所有苍鹰。可是几年以后他们又不得不从我国引入繁殖这种鹰，因为随着猛禽的消失，它的牺牲品也开始迅速消失！

“乍一看来这是一种荒诞不经的现象。但仔细审视以后，并非如此，这是符合规律的现象。自然，猛禽捕捉的都是体弱和有病的柳雷鸟。苍鹰很难捕获强劲有力、有充沛的精力飞行、注意力集中的柳雷鸟，而体弱又不谨慎的则很容易捕捉。所以，结果是一旦失去了鹰类，就没有谁去捕捉有病体弱的柳雷鸟，它们之间开始传播

疾病，种群数量开始迅速减少。常言所说的就是明显的事实：‘有狗鱼在，鲫鱼不会打盹儿。’

“有据于此，由三名专家组成的生物学法庭判决如下：第一，苍鹰不应当判处死刑，也不应当被宣告无罪。第二，对于原告П. Х. 列尼奥-卡尔博，应当立即拘禁看押，并最严厉地追究其盗窃国家自然财富的罪责。”

案件发生如此突然的转折，使得全体旁听者瞠目结舌。倏（shū）然之间谁也不明白究竟发生了什么事。

原告利用了这意外慌乱的一刻，他那魁梧的黑色身影一闪而过走向了出口。赛特犬和莱卡犬放开苍鹰，想冲过去抓逃跑者，但为时已晚，他喊了一声：“我不是被抓对象，不是偷盗者！”说着，他在大家面前关上门，不见了。

直到主审法官平静的声音再度在大厅里响起的时候，大家才回过神来：

“公民们，别担心。这个全身穿着黑衣、戴着半个黑面具控告大家有罪而自己最有罪的人，我们不会放过他，他也躲不过。你们知道他是怎么露马脚的吗？

“他确认了喜鹊的供词。7月15日，正当盛夏，是不允许任何人猎杀或捕捉任何兽类和鸟类的时节，他却手持猎枪和捕兽器身处森林之中。他和鸟类打起了官司，控告它们犯有所有死罪，可自己竟分不清花花绿绿的两种不同的啄木鸟。他听说‘鼠类有害’，却不花力气去分析哪些鼠类，在什么地方、什么条件下有害。不知为什么他在长满苔藓的沼泽地赶起——请注意，在禁猎的7月17日——赶起一群柳雷鸟后，他的双筒猎枪会‘偶然地’没有了弹药，而第二天他又送给苍鹰一只打断翅膀的黑琴鸡和两只受伤的小柳雷鸟。最后，他自己承认试图用棍棒捅死把他从小松鸡身边引开的母松鸡。

“是时候了，该揭露这个身穿黑衣的坏人，揭穿他假以隐蔽的化名了。就如我的座椅上方的三个字母 Д. Б. Н 是‘生物科学博士’的缩写一样，他的姓氏前面的两个字母 П. Х. 是‘坏人’的缩写，而他那个复姓‘列尼奥-卡尔博’没有别的意思，正好是‘博拉孔尼埃尔’（俄文中‘偷猎者’的音译。俄文原词倒写并按姓氏形式便成了：Реньо-

Карб，音译即是‘列尼奥－卡尔博’）一词的倒写！他才是我们最卑鄙、最可怕的敌人，最不引人注目而不断地危害国民经济的人，尽管他把自己伪装成兢兢业业的国民经济保护者。

“诗人的话是对的！如果把他的第一行诗的范围加以扩大，可以勇敢地说：

猛禽、鼠类和啄木鸟，
都是莽莽林海的宝宝。
原告使用那么多罪名将它们控告，
无非是徒费口舌，心劳日拙！

“森林是母亲，林中一切植物和动物都是它的儿女。它们都在极其复杂和细微的关系中互为依存。牵一发而动全身。那情形就如一间用纸牌搭建的轻巧房屋，只要你触动一张牌，瞬息之间就破坏了平衡，于是美丽的建筑就轰然倒塌了。对森林的爱，对它所有儿女的爱会帮助人认识它们之间的关系，并理解森林中复杂的生命规律。谁不懂得这份爱，谁就认识不了。偷猎者不懂得爱森林的儿女，也就认识不了它们。他冷漠无情，也就是比恶还要恶。任何一种野兽都不会像偷猎者那样对大森林造成那么严重的危害。

“生物学法庭判决如下：将偷猎者带上被告席！”

熬待春归月

（冬三月）

2 月 21 日至 3 月 20 日　　太阳进入双鱼星座

一年——分 12 个月谱写的太阳诗章

2月是越冬月。临近2月时开始不断地刮暴风雪。暴风雪在茫茫雪原上飞驰而过，却不留下任何踪影。

这是冬季最后一个月，也是最可怕的月份。这是啼饥号寒的月份，也是动物发情、野狼袭击村庄和小城的月份——由于饥馑（jǐn），它们叼走狗和羊，一到夜晚就往羊圈里钻。所有的兽类都变瘦了，秋季贮存的脂肪已经不能保暖，不能供给养分。

小兽们在洞穴内和地下粮仓内的贮备正在渐渐耗尽。

对许多生灵来说，积雪正从保存热量的朋友转变成越来越致命的仇敌。在不堪负荷的重量下，树木的枝丫被纷纷压断。野鸡们——山鹑、花尾榛鸡和黑琴鸡喜欢深厚的积雪，因为它们可以一头钻进里面，安安稳稳地睡觉。

然而灾难也接踵（zhǒng）而至，白天解冻以后到夜里又严寒骤降，雪面上便结起了一层硬壳。任你用脑袋去撞击这层冰壳也撞不破，直到太阳把冰盖烤化！

低空吹雪一遍遍地横扫大地，填平了走雪橇的道路。

如果冬季的可怕仅仅是寒冷，或许小动物们还能熬过冬天迎来春天，可事情往往没有那么简单。冬季的严寒是随着时间递进的，是随着寒风四处游荡的，没有任何抗寒措施的森林朋友要如何抵住严寒、忍住饥饿，度过漫长的冬季呢？

能熬到头吗？

森林年中的最后一个月，最艰难的一个月——熬待春归月来临了。

森林里所有居民粮仓中的储备已经快用完了。所有兽类和鸟类都变瘦了——皮下已没有保温的脂肪。由于长时间在饥饿中度日，它们的力量减退了好多。

而现在，仿佛有什么故意捣蛋似的，森林里刮起了阵阵暴风雪，严寒越来越厉害。冬季还有最后一个月，最凶狠的天寒地冻的气候降临大地。每一头野兽，每一只鸟儿，现在可要坚持住，鼓起最后的力量，熬到大地回春时。

我们驻林地的记者走遍了所有森林。他们担心着一个问题：野兽和鸟类能熬到春暖花开的时候吗？

他们在森林里见到许多悲惨的事情。森林里有些居民受不了饥饿和寒冷——死去了。其余的能勉强支撑着再熬过一个月吗？确实会遇到这样一些动物，没有必要为它们担惊受怕——它们生命力顽强着呢。

严寒的牺牲品

严寒又加上刮风是很可怕的。每每这样的天气过后，在雪地里，不是在这里就是在那里你会发现冻死的兽类、鸟类和昆虫的尸体。

暴风雪从树桩下、被风暴摧折的树木下刮过，而那里恰恰是小小的兽类、甲虫、蜘蛛、蜗牛、蚯蚓的藏身之地。

温暖的积雪从这些地方被吹走，在凛冽的寒风中冻结成冰。

就这样，暴风雪把飞行中的鸟儿杀死了。乌鸦是相当有耐受力的鸟类，但是在持久的暴风雪以后，我们会发现它们死在了雪地里。

暴风雪过去了，现在该卫生员忙碌了。猛禽和猛兽在森林里搜索，把被暴风雪杀死的一切收拾干净。

结薄冰的天气

最可怕的大概是解冻以后严寒骤降，一下子把雪的表层冻结起来。雪上面的这层冰壳又坚硬又滑，无论柔弱的爪子还是坚硬的鸟喙都不能将它穿透。狍子的蹄子倒能把它踩通，但是会被像刀子一样锐利的破冰壳的边缘割破腿上的皮肉。鸟儿是怎么从薄冰下面弄到草和谷粒等食物的呢？

谁没有力量打破玻璃一样的冰壳，谁就只好挨饿。

还经常有这样的情况：解冻了，地面的积雪变得潮湿松软。傍晚，一群灰色的山鹑降落到上面，非常轻松地在雪地里挖了一个个小洞，在冒着热气的暖室里沉沉入睡。

然后，夜里严寒倏然而至。

山鹑在温暖的地下洞穴里睡大觉，既没有醒来也没有感觉到

寒冷。

早晨，它们醒了，发现雪下面暖洋洋的，但是呼吸困难。

得到外面去，因为它们要透透气，舒展舒展翅膀，找寻食物。

它们想飞起来，但头顶是像玻璃一样坚固的薄冰。

薄冰，它表面什么也没有，它的下面是松软的积雪。

灰色的山鹑用自己的脑袋撞击冰壳，撞到出血——但愿能从冰盖下挣脱出去。

最终，能挣脱死囚境地的那些山鹑是幸运儿，尽管它们饥肠辘（lù）辘。

玻璃青蛙

我们驻林地的记者打碎了池塘的冰块，从下面挖取淤泥。在淤泥中，有许多钻进里面过冬的青蛙。

等把它们弄出来以后，它们看上去完全像是玻璃做的。它们的身体变得很脆。细细的腿稍稍一碰就会断裂，同时发出清脆的响声。

我们的记者拿了几只青蛙回家。他们小心翼翼地在温暖的房间里让冻结成冰的青蛙一点点回暖。青蛙稍稍苏醒过来，开始在地上跳跃。

因此可以期待，一旦春季里太阳融化了池内的坚冰，晒热了池水，青蛙就会在里面苏醒过来，而且健健康康的。

睡宝宝

在托斯纳河（原苏联列宁格勒州境内河流，河畔有托斯诺城）岸上，距萨博里诺十月火车站不远处，有一个岩洞。以前人们在那里采沙，现在那里已经多年无人光顾了。

我们的林地记者到了这个洞穴，在洞顶上发现了许多蝙蝠——大耳蝠和棕蝠。它们头朝下，爪子抓住粗糙的洞顶，已经沉睡了5个月。大耳蝠把自己的大耳朵藏在折叠的翅膀里，用翅膀把身子包起来，仿佛裹在毯子里，挂着睡觉。

我们的记者为大耳蝠和棕蝠如此漫长的睡眠担心起来，就给它们测脉搏，量体温。

夏天，蝙蝠的体温和我们一样，三十七摄氏度左右，脉搏每分钟200次。

现在，测量得到的脉搏只有每分钟50次，而体温只有五摄氏度。

尽管如此，小小的睡宝宝的健康肯定丝毫不用担心。

它们还能自由自在地睡上一个月，甚至两个月，当温暖的黑夜来临时，它们就会完全健康地苏醒过来。

穿着轻盈的衣服

今天，在隐秘的角落里，我已经发现了款冬。它正鲜花怒放，傲寒而立。仔细一看，它的这些茎裹着一层轻盈的衣服：像鱼鳞似的小薄片，蛛丝一样的绒毛。现在，我们穿大衣都觉得冷，它们也总得穿点儿什么吧。

不过，你们不会相信我——周围是白雪世界，哪儿来的什么款冬呀？

可我告诉过你，那是在我“隐秘的角落”里发现的。这就是它所在的地方——一幢大厦的南侧，而且在那个位置，那里正好经过暖气的管道。“隐秘的角落”是一块化了雪的黑土地，那里的地上像春天一样冒着热气。

但是，空气中是一片严寒！

H. M. 帕甫洛娃

迫不及待

当严寒刚刚有点儿消退，开始解冻的时候，各式各样迫不及待的小东西就从雪地里爬了出来：蚯蚓、潮虫、蜘蛛、瓢虫、锯蜂的幼虫。

只要哪儿有一角从积雪下解放出来的土地——暴风雪经常把露在地面树根下的积雪吹光——那里就是它们举办娱乐活动的地方。

昆虫要舒展它们麻木的腿脚。没有翅膀的雪盲蚊直接光着脚在雪上又跑又跳。空中飞舞着长脚的蚋（ruì）群。

一等严寒降临，娱乐活动便告终结，于是整个团队又藏到树叶下、苔藓内、草丛里和泥土中。

钻出冰窟窿的脑袋

一个渔夫在涅瓦河口芬兰湾的冰上走路。经过一个冰窟窿时，他发现从冰下伸出一个长着稀疏的硬胡须的光滑脑袋。

渔夫想，这是溺水而亡的人从冰窟窿里探出的脑袋。但是，突然那个脑袋向他转了过来，于是，渔夫看清了这是一头野兽长着胡须的嘴脸，外面紧紧包着一张长有油光短毛的皮。

两只炯炯发光的眼睛顿时直勾勾地盯住了渔夫的脸。然后扑通一声，嘴脸消失在冰下面了。

这时渔夫才明白，自己看见了一头海豹。

海豹在冰下捕鱼。它只是把脑袋从水里探出一小会儿，以便呼吸一下空气。

冬季，渔民经常在芬兰湾趁海豹从冰窟窿爬到冰上时把它们

打死。

甚至常会有海豹追逐鱼儿而游入涅瓦河的事。在拉多什湖上有许多海豹，所以那里有了正式的海豹捕猎业。

抛弃武器

森林勇士驼鹿和公狍抛弃了双角。驼鹿自己把沉重的武器从头上甩掉，在密林中将双角在树干上摩擦。

两头狼发现其中一位头上没有角的勇士，便想袭击它。在它们看来取胜是轻而易举的。

一头狼在前面向驼鹿进攻，另一头在后面堵截。

战斗结束得出乎意料地快。驼鹿用坚硬的前蹄踩碎了一头狼的头盖骨，一转身就把另一头狼打翻在雪地里。狼全身伤痕累累，勉强来得及从对手身边溜走。

最近，老驼鹿和狍子头上已经露出新角。这是尚未变硬的隆起物，上面蒙着皮和蓬松的毛。

冷水浴爱好者

在波罗的海的加特钦纳火车站附近一条小河上的冰窟窿边，我们的一位驻林地记者发现了一只黑肚皮的小鸟。

正值冻得咯咯响的严寒天气，虽然天空中太阳高照，但我们的记者在那个早晨仍不止一次地不得不用雪去摩擦冻得发白的鼻子。

所以，听到一只黑肚皮的小鸟在冰上唱得这么欢，他感到十分惊讶。

他走得靠近些。这时小鸟跳起来，扑通一声跳进了冰窟窿！

“它会淹死的！”记者想，于是赶快跑到冰窟窿边，想把失去理智的小鸟救出来。

谁知小鸟在水下用翅膀划水，就像游泳的人用双臂划水一样。

它那深暗的脊背在清澈的水里闪烁，宛如一条银晃晃的小鱼。

小鸟潜到水底，在那里快跑起来，用尖尖的爪子抓住沙子。在一个地方稍稍逗留了一会儿。它用喙翻转一块小石头，从下面捉出一个黑色的水甲虫。

不一会儿，它已经从另一个冰窟窿出来，跳到了冰上，耸身一抖，仿佛没那回事似的，又欢乐地唱了起来。

我们的记者把手向冰窟窿里伸了进去。“也许这里有温泉，河水是温的？”他想。但是，他立马把手从窟窿里收了回来——冰冷的水激得手生疼。

直到这时他才明白，他面前的是只水里的麻雀——河乌。

这也是一种不守常规的鸟儿，犹如交嘴鸟那样。它的羽毛上覆盖着薄薄的一层脂肪。当河乌潜入水中时，涂有脂肪层的羽毛中的空气变成了一个个气泡，就泛起了点点银光。

河乌仿佛穿上了一件空气做的衣服，所以即使在冰冷的水中它也觉不到冷。

在我们列宁格勒州，河乌是稀客，只有在冬季才会出现。

在冰盖下

得惦记着鱼儿。

它们整个冬季都在水底深坑里，在鳇（huáng）鱼和鲟鱼过冬的河内深坑里睡觉，而它们上方是坚固的冰盖。常常有这样的情况：在冬季行将结束的时候，在2月份，它们在池塘里、林中的湖泊里，开始觉得空气不足了。这时鱼儿抽搐着张大了圆圆的嘴巴，喘着气升到紧贴冰盖的地方，用嘴唇吸收气泡。

可能出现鱼类大量窒息而死的事，于是到春季坚冰融化，你手

持钓竿来到这样的湖边时，竟无鱼可钓。

要惦记着鱼儿，在池塘和湖泊里开几个冰窟窿，让鱼儿有呼吸的空气。留意它们的情况，别让它们闷死。

茫茫雪海下的生灵

在整个漫长的冬季，你望着盖满皑皑白雪的大地，不由自主地想入非非：在它下面，这冰冷干燥的雪海下面，究竟有什么呢？那里是否还有生命存在？

本报记者在森林里、在林间空地上和田野上挖了几口深深的雪井，一直挖到看见土壤。

在那里见到的景象出乎我们的预料。那里露出了一些绿色的莲形叶丛，从干枯的草皮里钻出来的尖尖的嫩芽，还有各种草类的绿色小茎，虽然被沉重的积雪压得贴近了冻硬的地面，却是活的。你不妨想一想——它们是活的！

原来在死气沉沉的雪海底部生活着草莓、蒲公英、三叶草、蝶须，以及阔叶林中的草、酸模，还有许许多多形形色色的植物，它们都悠然自得地展现着碧绿的生机。而在柔软、多汁、绿莹莹的繁缕上，甚至长出了小小的花蕾。

在本报驻林地记者挖的一口口雪井的壁上，发现了一个个圆圆的小孔。这是小小的兽类用爪子挖掘的通道，它们十分擅长在茫茫雪海为自己找食物。老鼠和田鼠在雪下啃食可口而富有营养的小根，而凶猛的鼩鼱、伶鼬、白鼬冬季就在这里捕食这些啮齿动物和在雪中宿夜的鸟类。

以往人们认为只有熊才在冬季产崽，幸福的幼崽穿着“衬衣”来到世上。小熊崽出生时个头儿很小——像老鼠那么大，而且不是穿着衬衣生下来，而是直接穿了皮毛大衣降生到世上。

现在科学家们调查清楚了，有些老鼠和田鼠冬季仿佛去别墅度假似的，爬出自己夏季的地下洞穴，来到地面上——去透透“新鲜

空气”——在雪下的树根上和灌木丛低矮的枝条上搭窝。奇就奇在它们冬季也常常产崽！小小的鼠崽子生下来完全是赤裸裸的，不过窝里面很暖和，小鼠崽的妈妈用自己的乳汁喂养它们。

春天的预兆

尽管在这个月还十分寒冷，但已非隆冬时节可比。尽管积雪依然深厚，却不再那么耀眼和洁白。它变得有点儿暗淡、发灰和疏松了。屋檐下挂起了渐渐变长的冰锥，冰锥上又滴下融雪的水滴。你一眼看去，地面上已有了一个个水洼。

太阳越来越多地露脸了，它已经开始传送暖意。天空也不再那么冷冰冰地泛着一派惨白的蓝色，它一天天地变得蔚蓝。上面的浮云也不再是那灰蒙蒙的冬云，它已变得密密层层，偶尔还会有低垂的巨大云团滚滚而来。

刚透出一线阳光，窗口就有欢乐的山雀来报信了：

“把大衣脱了，把大衣脱了，把大衣脱了！”

夜里，猫咪在屋顶上开起了音乐会和比武大会。

森林里偶尔会敲响啄木鸟的鼓点。尽管它是用喙在敲打，但听起来像是它在唱歌！

在密林最幽深的去处，在云杉和松树下的雪地上，不知是谁画上了许多神秘的记号，许多莫解的图案。在看到这些图形时猎人的心会顿时收紧，然后激烈地跳动起来：这可是雄松鸡——森林里长着大胡子的公鸡，在春季雪面坚硬的冰壳上用强劲翅膀上坚硬的羽毛画出的花样。这就表明……表明松鸡的情场格斗，那神秘的林中音乐会眼看着就要开场了。

阅读链接

海 豹

文中提到的“钻出冰窟窿的脑袋”是海豹的脑袋，在寒冷的冬季它依旧活跃于人们的视野中。海豹生活在极地地区，它们在海里的时间要长于在陆地上的时间，它们虽然属于海洋生物，却是哺乳动物。海豹的皮毛短而柔软，也正因为这一身的皮毛使得海豹成为捕猎买卖的对象。面对那些由动物皮毛制作的服饰，我们要坚决抵制，用实际行动来保护野生动物。

相比森林朋友，居住在城市中的动物伙伴就轻松多了。在都市里，会有好心人准备食槽；会有珍惜鸟类的学者；还有努力创造美好环境的少年园艺家们。大家都在帮助动物朋友度过严寒，迎接春天。

都市新闻

大街上的斗殴

在城里，已能感觉到春的临近——大街上时不时会发生斗殴事件。

街上的麻雀对行人毫不理会，彼此狠狠咬住对方的后颈抖动着，使得羽毛飞向四面八方。

雌麻雀从不参加斗殴，但也不制止斗殴者。

每到晚上，在屋顶常发生猫打架的事件。打架的双方往往以这样的方式分开，其中一只猫一骨碌从好几层高的屋顶上飞滚而下。

不过，机灵的猫不会摔死。它落地时直接四脚着地——可能脚有点儿瘸。

修理和建筑

全城都在修理旧屋和建造新房。

老乌鸦、寒鸦、麻雀和鸽子正在忙于修理自己去年筑的巢。去年夏天生的年轻一代，正在为自己造新窝。对建筑材料的需求迅猛上升——需要树的枝杈、麦秸、柔韧的树枝、树条、马毛、绒毛和羽毛。

鸟类的食堂

我和我的同学舒拉非常喜欢鸟儿。冬天的鸟儿，像山雀和啄木鸟之类的，经常挨饿。我们决计为它们做食槽。

我家屋边长着许多树，上面经常有鸟儿停下来用自己的喙觅食。

我们用胶合板做成浅浅的箱子，每天早晨往里面撒谷粒。鸟儿已经习惯，再也不怕飞近前来，而且乐意啄食。我们认为，这对鸟儿大有好处。

我们建议所有的孩子都来做这件事。

驻林地记者　瓦西里・格里德涅夫
亚历山大・叶甫谢耶夫

都市交通新闻

在街角的一座房子上有一个标记：一个圆中间有一个黑色三角形，三角形里画着两只雪白的鸽子。

它的意思是："小心鸽子！"

这样一来，司机在拐过街角时会刹车，小心翼翼地绕过一大群聚集在马路上的灰色、白色、黑色、棕色的鸽子。儿童和成人站在人行道上，向鸟儿抛撒面包、谷粒。

"小心鸽子"的汽车行驶标记是根据小学生托尼娅・科尔金娜

的请求最先悬挂在莫斯科街头的。如今，同样的标记悬挂在列宁格勒和其他大城市，那里的街上车来人往，异常繁忙，大人和儿童则给鸽子喂食，观赏这些象征和平的鸟儿。

光荣属于爱护鸟类的人！

返回故乡

愉快的消息传到了《森林报》编辑部。这些消息来自埃及、地中海沿岸、伊朗、印度、法国、英国、德国。消息中写道：我们的候鸟已经启程回乡。

它们从容不迫地飞着，一寸寸地占据正从冰雪中解放出来的土地和水域。估计要在我们这儿冰雪开始融化、河流开始解冻的时候，它们才能到来。

雪下的童年

外面正在解冻。我去取种花用的土，路上顺便看了看我养鸟儿的园子。那里有我为金丝雀种的繁缕。金丝雀很喜欢吃它鲜嫩多汁的绿色茎叶。

你们当然知道繁缕，是吗？油亮的小叶子，勉强看得见的白白的小花，总是彼此缠绕的脆脆的小茎。

它紧靠着地面生长，园子里你照管不过来——它已经爬满所有的地垄了。

就这样，我在秋天撒了种子，但已经太迟。它们发芽了，但来不及长出苗来，一根小茎和两片叶子就都被盖到了雪下。

我没指望它们能活下来。

但结果怎么样呢？我一看，它们长出来了，还长大了。现在它们已经不是苗苗，而是一棵棵小小的植物了，甚至还有了几个花蕾！

真不可思议，这可是发生在冬季，在皑皑白雪的下面发生的事！

H. M. 帕甫洛娃

摘自少年自然界研究者的日记：

一位新来者的诞生

今天是我非常高兴的日子。我早早地起了床，正当日出的时候，我看见了一位新来者的诞生。

新来者就是初升的月亮，它一般在晚上日落以后才露面。人们很少在清晨日出之前见到它。它比太阳升起得早，已经高高地爬上天空，宛如薄薄的一弯珍珠般的镰刀，闪耀着金灿灿的晨光，显得如此温暖、欢乐，这样的月亮我以往从未见过。

驻林地记者　维丽卡

神奇的小白桦

昨天傍晚和夜里下了一场温暖而黏湿的雪，门口台阶前的花园里，我那棵可爱的白桦树上，光秃秃的树枝和整个白色的树干沾满了雪花。可凌晨时，天气却骤然变得十分寒冷。

太阳升上了明净的天空。我一看，我的小白桦变成了一棵神奇的树，它全身仿佛被浇了一层糖衣，直至每一根细小的枝条。湿雪

结成了薄冰。我的整棵白桦树都变得亮晶晶的。

尾巴长长的山雀飞来了。一只只毛茸茸的，暖和得很，仿佛一颗颗插着编针的小小的白色毛线球。它们停到小白桦上，在枝头辗转跳跃——用什么当早餐呢？

它们爪子打着滑，嘴巴又啄不穿冰壳，白桦只冷漠地发出玻璃般细细的叮咚声。

山雀哀鸣着飞走了。

太阳越升越高，越晒越暖，化开了冰壳。

神奇的白桦树上，所有的枝条和树干开始滴水，它仿佛变成了一个冰的喷泉。

开始融雪了。白桦树的枝条上流淌着一条条银光闪闪的小蛇，熠熠生辉，变幻着五光十色。

山雀回来了。它们不怕弄湿了爪子，纷纷停上枝头。现在它们高兴了——爪子再也不会打滑，化了雪的白桦树还招待它们享用了一顿美味的早餐。

驻林地记者　维丽卡

最初的歌声

在一个酷寒而阳光明媚的日子里，城里的各个花园里响彻了春季最初的歌声。

唱歌的是一种叫“津奇委尔”的山雀。歌声倒十分简单：

“津——奇——委尔！津——奇——委尔！”

就这么个声音。不过这首歌唱得那么欢，仿佛是一只金色胸脯的活泼小鸟想用它鸟类的语言告诉天下：“脱去外衣！脱去外衣！春天来了！”

绿色接力棒

1947年，是全国优秀少年园艺家竞赛活动开始的一年。少年园艺家们带着奇妙的绿色接力棒从1947年春天起程，将接力棒交到1948年春季的手里。对500万少年园艺家来说，从春天再到春天的路并不好走。但是他们珍爱自己种下的一切，谨慎小心地培育每一棵树，每一丛灌木。而且他们每年都这样做。

少年园艺家代表大会通常是绿色接力赛的终点。

去年，拿着绿色接力棒的是几百万少先队员和中小学生。他们栽种了好几百万棵果树、浆果灌木，足迹踏遍几百公顷（地积单位，1公顷等于1万平方米）森林、公园和林荫道。今年，参加竞赛活动的人应当更多。

竞赛的条件和去年一样，可要做的事要多得多。应当在每所学校开辟一个果树苗圃，将来种植更多花园。

应当绿化街道，使它成为极好的绿色林荫道。

应当用灌木和树木巩固沟壑里的土壤，从而保护我们肥沃的田地。为了做到这一切，应当踏踏实实地向有经验的老园艺家学习。

成长启示

少年园艺家在这样的竞赛活动中不仅能真正动手植树育苗，也能不断增长知识，向老园艺家学习，保护肥沃的田地，营造更好的生活环境，做着有意义的事。我们应该向他们学习，在生活中保护环境，守护自然，这是我们每个人的责任。

要点思考

1. 想一想，举办少年园艺家竞赛的意义在哪里？
2. 在生活中，你还参加过哪些既有意义，又有意思的活动？

一年中最后一次狩猎即将开始，猎人们为捕捉野兽摩拳擦掌、各显神通，发明创造了许多令人称奇的捕兽工具。但即便如此，依然会有意外发生。失误的猎人碰到了丧母的幼熊，在这生死追逐的狩猎场，我们看到，危机四伏的背后却也满含温情。

狩猎纪事

巧妙的捕兽器

猎人捕猎野兽与其说靠的是猎枪，不如说靠的是形形色色巧妙的捕兽器。为了制作出一个好的捕兽器，需要有很强的发明能力并掌握有关野兽性格与习性的准确知识。不仅要会做捕兽器，还要会放置。一个笨拙的猎人，他的捕兽器总是一无所获；而一个有经验的猎人，他的捕兽器通常总是带着猎物。

钢铁捕兽夹既不用发明，也不用制作——去买就行了。可学会放置捕兽器就不那么简单了。

首先，得知道放在什么地方。捕兽器要放在洞边、兽径上、交会点——野兽聚集和许多兽迹交错的地方。

其次，要知道如何准备和放置。要捕捉警惕性很高的野兽，像貂呀，猞猁呀，先要把捕兽夹在针叶的汤水里煮过；用木耙耙掉一层雪，用戴手套的双手放上捕兽夹，再在上面放上从这个地方耙掉的雪，用耙子耙平。没有这些措施，敏感的野兽就能闻到人的气息，甚至雪下铁器的气息。

如果放置对付大型的、力气大的野兽的夹子，那要将它和一段沉重的原木拴在一起，使野兽拖着它跑不远。

如果放置捕兽夹时带诱饵，就该明白给什么野兽吃什么。有的给老鼠，有的给肉，有的给鱼干。

活捉小猛兽的器具

猎人们想出了许多巧妙器具来活捉小猛兽，像白鼬、伶鼬、黄鼠狼、水貂等。这样简单的器具每个人都能做。

所有这些东西的制作都基于一种考虑：入口打开，出口关闭。

请拿一个长长的小箱子或一段木头的管子，在一头做一个入口。在入口上方固定一扇用粗铁丝做的小门，不过要使这些铁丝的长度超过入口，小门要斜竖，下缘朝箱内开。这样，就一切就绪了。

箱内放着诱饵。小兽闻到它的气味，透过铁丝小门看到了它。小兽用脑袋去推小门，从它下面爬进了箱子。小门在它身后合下来就关上了。要从里面打开门是不可能的，于是被逮的小兽就一直等着，直到你把它从那里拖出为止。

在这样的箱子里可以装一块假地板，诱饵挂在顶板下箱子封死的一头。这里的入口要窄一点儿，在它上面从内部装一个不紧的小闩（shuān）。

小兽刚走过假地板的中线（那里木板正好可以在小横轴上自由转动）时，它身下的板就降了下去，而靠入口处的一端却翘了起来，小闩弹了上去，于是出口被死死关闭了。

更简单的办法是拿一个比较高的小桶或上面开口的完整的大圆桶，在腰部正中开两个小孔，插进一个横杆。横杆两头固定在两根小柱上。两根小柱之间挖一个坑，它的深度要容得下半截桶。

将圆桶在横杆上平衡放置，使前面一半的边缘（出口）搁在坑边上，后面的一半（桶底）悬在坑上。

诱饵放在紧靠桶底的地方。

当小兽刚刚走过圆桶一半时，桶就转动了，于是桶就变成底部向下站着了。小兽怎么也无法沿着圆圆的桶壁向上爬出去。

冬季，在严寒的天气里完全可以做一个冰桶捕兽器，这是乌拉尔的猎人发明的。

将满满一桶水放在严寒的环境里。桶面、桶壁和桶底的水结冰比里面的水快。当冰结到大约一两根手指宽的厚度时，从上面开一个大小能使白鼬爬过的圆孔，再从这个孔里把多余的水倒掉，将桶搬进屋里。在温暖的地方桶壁和桶底很快受热，冰开始融脱。这时，就很轻松地从铁皮桶内抖搂出了一只冰桶。它方方面面都是封闭的，只在顶上有个小孔。这就是冰桶捕兽器。

往里面放些干草或麦秸，再放进一只活老鼠。在有许多白鼬或伶鼬足迹的地方，把雪挖开埋入冰桶，使顶部和雪面一样高。

小兽闻到老鼠的气息，马上就钻进小孔到了桶底。它无法沿光滑的桶壁爬出桶去，也无法把冰咬穿。

要从冰桶里取出小兽，可直接把它打碎——这个捕兽器分文不值，这样的东西想做多少都可以。

狼　坑

可以设置狼坑来捕狼。

在狼经过的小道上挖一个椭圆形深坑，坑壁要垂直。坑的大小要容得下狼，又使它无法助跑起跳。在上面盖上一些细木杆，再撒上树条、苔藓、麦秸。上面再盖上雪。把所有人为痕迹都掩盖掉，使狼认不出哪儿是深坑。

夜里狼从小道上走过。第一头狼就掉进了坑里。

第二天早晨就可取活狼了。

狼陷阱

还有设“狼陷阱”的。把木桩打进土里围成一圈。这个圈要把另一个用木桩围成的圈围在里面，使狼能在两圈木桩之间挤得过去。

在外圈上装一扇开向夹层内部的门。在里圈放入一只山羊或羔羊。狼闻到猎物气息后就走进外圈的门里，开始在两道木桩间狭小的夹层里走圈儿。走完一整圈后，第一头狼的嘴脸碰上了门，而门又妨碍它继续往前走（要转身又不可能）。这样门就堵上了，于是所有的狼都被捉住了。

它们就这样围着被隔离的羔羊无休止地走下去，直至猎人来收拾它们。在这种情况下羔羊完好无损，而狼却什么也没捞着。

地上坑

冬季很难深挖，因为泥土冻得像石头。所以人们就做个地上坑来替代一般的捕狼坑。这是一个用木桩做成的围墙围起来的地方，四角各有一根柱子。第五根柱子立在“坑”中央。它要高过围墙，上面挂着诱饵：一块肉。

在木桩做的围墙上搁一块板。

板的一头着地，另一头高悬在“坑”的上头，紧靠诱饵。

狼闻到肉味后就沿木板向上爬。在它体重的作用下，木板凌空的一头就往下倾，于是狼一个跟头翻进了“坑”里。

熊洞边的又一次遭遇

塞索伊·塞索伊奇踩着滑雪板走在一块长满苔藓的大沼泽地上。当时正值二月底，下了很多雪。

沼泽地上耸立着一座座孤林。塞索伊·塞索伊奇的莱卡狗佐里卡跑进了其中的一座林子，消失在树丛后面。突然从那里传来了狗

叫声，而且叫得那么凶，那么激烈。塞索伊·塞索伊奇马上明白猎狗碰上熊了。

这时小个儿猎人颇为得意，因为他带了一把能装五发子弹的好枪。于是，他急忙向狗叫的方向赶去。

佐里卡对着一大堆被风暴刮倒的树木狂叫，那上面落满了雪。塞索伊·塞索伊奇选好位置，匆匆忙忙从脚上脱去滑雪板，踩实脚下的积雪，做好了射击的准备。

很快从雪地里露出一个宽脑门的黑脑袋，闪过一双睡意蒙眬的绿色眼睛。按捕熊人的说法，这是野兽在和人打招呼。

捕熊本是一项紧张危险的活动，捕熊人用诙谐幽默的玩笑让紧张的气氛轻松不少。

塞索伊·塞索伊奇知道，熊在遭遇敌手时仍然要躲起来。它会到洞里躲起来，再猛然跳出来。所以，猎人趁野兽把脑袋藏起来之前就开了枪。

然而过快的瞄准反而不准，后来猎人得知子弹只伤了熊的面颊。

野兽跳了出来，直向塞索伊·塞索伊奇扑来。

幸好第二枪正中目标，将野兽打翻在地了。

佐里卡冲过来撕咬熊的尸体。

熊扑过来时，塞索伊·塞索伊奇来不及害怕，但是当危险过去以后，强壮的小个儿猎人一下子全身瘫软了，眼前一片模糊，耳朵里嗡嗡直响。他深深地吸了一口冰冷的空气，仿佛从沉重的思虑中清醒了过来。这时他才觉得刚才自己经历了一件可怕的事情。

作者通过描写猎人的一系列反应，侧面烘托出刚刚的捕猎行动有多么惊险与可怕。

在和巨大的猛兽危险地面对面遭遇后，每一个人，即使是最勇敢的人，也会有这种感受。

突然佐里卡从熊的尸体边跳开了，汪汪叫了起来，又冲向了那个树堆，不过现在是向另一边冲过去。

塞索伊·塞索伊奇瞟了一眼，惊呆了——那里

露出了第二头熊的脑袋。

小个儿猎人一下子镇定下来，很快就瞄准，瞄得很仔细。

这次他成功地一枪把野兽就地撂倒在树堆边。

然而几乎是在顷刻之间，从第一头熊跳出的黑洞里冒出了第三头宽脑门的棕色熊脑袋，而在它后面又跟着冒出了第四头熊的脑袋。

塞索伊·塞索伊奇慌了神，恐惧攫（jué）住了他。似乎整个林子里的熊都聚集到了这个树堆里，而此刻都向他爬来了。

慌了神的猎人已经很难再去瞄准射击，猎狗佐里卡也因此丧命，猎人该怎么办呢？

他瞄也没瞄就开了一枪，接着又开了一枪，然后把打完子弹的枪扔到了雪地里。他发现第一枪打出以后棕色的熊脑袋不见了，而佐里卡意外地撞着了最后一颗子弹，竟一枪毙命倒在了雪地里。

这时他双腿发软，下意识地向前跨了三四步。塞索伊·塞索伊奇绊着了他打死的第一头熊的尸体，倒在了上面，接着就失去了知觉。

他这样不知躺了多久。苏醒的过程令人胆战心惊：有什么东西在揪他的鼻子，很痛，他想去抓鼻子，但是手碰到了暖烘烘、毛茸茸会动的东西。他睁开了眼睛——一双睡意蒙眬的绿色熊眼睛正盯着他的双眼。

塞索伊·塞索伊奇一声惊叫，那声音已不是他自己的了，他猛然一挣，把鼻子拽出了野兽的嘴巴。

他像个呆子似的站了起来，拔腿就跑，但马上跌进了齐腰深的雪里，陷在了雪地里。

他回头一看，方才明白刚才揪他鼻子的是一头小熊崽。

塞索伊·塞索伊奇的心没能马上平静下来，他弄清楚了自己历险的全过程。

他用最先的两颗子弹打死了一头母熊。接着，从

树堆的另一边跳出来的是一头三岁的幼熊。

幼熊年纪还小，是雄性。夏天它帮熊妈妈带小弟弟小妹妹，冬季就在离它们不远的地方冬眠。

在这堆被风暴摧折的树堆里，有两个熊洞。一个洞里睡着幼熊，另一个洞里睡着母熊和它的两头一岁的熊崽子。

熊崽子还小，体重充其量跟一个十二岁的人差不多。但是它们已经长出了宽宽的脑门儿，大大的脑袋，以致猎人因为受了惊吓糊里糊涂把它们当成了成年熊。

猎人晕倒在地时，熊的家庭中唯一幸存的小熊崽走到了熊妈妈身边。它开始拱死去的母熊的胸脯，碰到了塞索伊·塞索伊奇温暖的鼻子，显然它把塞索伊·塞索伊奇的鼻子当成了母亲的乳头，于是叼进嘴里吸了起来。

塞索伊·塞索伊奇把佐里卡就地埋在了林子里。他抓住熊崽子带回了家。

这头小熊崽原来是头很好玩又很温和的野兽，非常依恋因失去佐里卡而孤身一人的小个儿猎人。

本报特派记者

成长启示

猎人们为捕猎野兽，发挥着自己的创造力。自己制作捕兽器，自己设置陷阱，一次次地与野兽斗智斗勇，并取得了不错的成绩。在生活中，我们也要激发自己的创造力，在不断思索、不断尝试的过程中，总结经验、吸取教训，提高自己的认识能力与实践能力，更全面地认识世界，收获更多的可能性。

要点思考

1. 通过仔细阅读，请你总结一下“狩猎纪事”中出现了哪些捕兽器和捕猎方法？

2. 请你说一说在生活中你认为具有创造性的事物。

射靶：竞赛十二

1. 什么小兽整个冬季头朝下睡觉？

2. 刺猬冬季做什么？

3. 冬季松鼠不吃什么？

4. 什么鸟儿一年任何季节都孵小鸟，甚至在雪中？

5. 当所有昆虫都冬眠时，山雀在冬季给人类带来益处还是害处？

6. 獾在冬季给人类带来益处还是害处？

7. 哪一种鸣禽在潜入冰下的水中时给自己找来食物？

8. 为什么在椋鸟屋内部入口的下面插一块三角形板？

9. 哪种动物的骨骼露在外面？

10. 小鸡在蛋壳里呼吸吗？

11. 如果把青蛙从雪下挖出来并带到火的附近，它会发生什么变化？

12. 麻雀什么时候体温比较低，冬季还是夏季？

13. 海豹潜入冰下后靠什么呼吸？

14. 哪里的雪先化，在森林里还是在城市里？为什么？

15. 什么鸟儿飞来时我们认为春季开始了？

16. 在圆圆的窗户里，新的墙壁上，白天玻璃打破了，晚上又装上了。（谜语）

17. 冬季挨饿夏季饱。（谜语）

18. 在屋子里要结冰，在外面却不结冰。（谜语）

19. 一条白布往窗里拉。（谜语）

20. 什么比森林高？什么比月光亮？（谜语）

21. 夜莺的小窝不在屋里也不在外面。（谜语）

22. 虽然没有头脑，却比野兽精明。（谜语）

23. 身穿一件白皮袄，森林里面到处跑。（谜语）

24. 春天里开心，夏天里凉快，秋天里有营养，冬天里暖洋洋。（谜语）

最后时刻的紧急电报

城里出现了先到的白嘴鸦。冬季结束了，森林里现在是新年元旦。现在，请你重新从第一期开始阅读《森林报》。

哥伦布俱乐部：第十二月

向未来的跳跃／少年自然科学研究者的思想／俱乐部主任的发言

窗外暴风雪正在作威作福，大声怒号、呼啸，把一捧捧扎人的雪片抛向窗玻璃。行人瑟缩着裹紧了头巾和大衣，把脑袋缩进竖起的领子里。现在已是黄昏时分。

在《森林报》编辑部温暖敞亮的大楼里，一只瘦小、温柔的黄色小鸟正在啼唱。它仿佛吊嗓子似的唱了几个高音后，突然发出了热烈欢快的啼啭，使得哥伦布俱乐部全体成员都屏住了呼吸。争论声停止了。头发深色的、浅褐色的、乱蓬蓬翘起的和梳得光溜溜的脑袋都转向了窗口，那里有一位奇异的鸟儿歌唱家正在窄小的笼子里啼唱。

它似乎永远不会停止歌唱：响亮动听的啼鸣从被俘的小小仙女——囚禁在铁丝牢笼的空中女儿的金嗓子里源源不断地流出。接着未经任何停顿，也不换气，歌唱家突然抛撒出一连串珠落玉盘般的颤音，热烈的歌声又戛然而止，它开始若无其事地用喙梳理自己柔软的羽毛。

"啊，你真行呀！"科尔克突然从自己沉醉其间的甜蜜静止状态中回过神来，叫了起来，"我向树木的精灵保证，颤音持续了15秒多！这才叫歌声呢！我们这儿那些粗野的鸟儿哪儿唱得出这样的歌声？是云雀，夜莺？错了！"

"好主意！"雷拍着自己的脑门儿激动地说了起来，"绝妙的主意，闪光的思想！'神秘乡'获得了一位奇异的歌手！而它却是我们哥伦布俱乐部的人创造的！"

"你说什么，什么，什么，什么？"多连珠炮似的说道，"你想一想吧，造物主！鸟类可不是植物，你把两个品种结合在一起可产

生不了米丘林（苏联著名的植物育种家）的杂交品种。是有金丝雀跟黄雀、跟白腰朱顶雀、跟红胸朱顶雀的杂交种，但是它们不会繁殖后代，事情到此就了结了！这就跟骡子不会生育一样。”

“你没明白我的意思，”雷委婉地说，“我不是想通过金丝雀和我们会唱歌的鸟儿杂交来创造新的林中歌手，而是通过代孵。你只要想一想，在夏初我们把几百个，不，几千个金丝雀的蛋放进我们这儿野生鸣禽的窝里，它们是朱雀、红胸朱顶雀、黄雀、苍头燕雀、红脚鹌鹑、金翅雀……它们替我们孵出了金丝雀的幼雏，把它们当自己的小鸟一样喂养，而且向这些刚会飞的小鸟传授鸟类生活中的一切规则。由于在我们的森林里没有这些小金丝雀的亲生父母，没有什么鸟儿会把刚会飞的小鸟吸引到自己身边，所以它们就留在了喂养和教育它们的那些鸟儿身边。

“不知道它们以后会怎么样。它们是否会留下来和养育自己——在我们这儿定居的鸟雀一起，在咱们的‘神秘乡’过冬？会不会和那些我们称为金翅雀的林中金丝雀一起迁徙到南方？会不会随着自己的养父母——被我们少年自然科学研究者称为红色金丝雀的黄雀飞往印度过冬？因为还没有任何人借助代孵的手段来从事驯化外国鸟类的试验。”

“大胆的想法！”安德若有所思地说，“有一次我在科尔图什，伊凡·彼得罗维奇·巴甫洛夫生理学研究所，那里的鸟类学实验室主任，我国杰出的鸟类学家亚历山大·尼古拉耶维奇·普罗姆普托夫向我们讲述了金丝雀和他对它们所做的试验。

“南方森林中的小鸟金丝雀，充当人类俘虏的生活已过了300多年。它早就变成了无能为力的笼中之鸟，既不会自己觅食，也不会筑巢。它的笼子里长年放着食具，里面盛有去了外皮的谷粒，盛有清洁饮水的器皿、澡盂，夏天还给它挂上用绳编的巢，放上棉花和它要求作为垫子用的其他东西。它笼子里的小横梁直直圆圆，刨得光光溜溜，正好适合它那纤细柔嫩的爪子停栖。一切都有人给它保障——只要它唱呀唱呀，再就是在这儿，在失去自由的环境里哺育自己的儿女。在我们俄罗斯，人们在春季的节日里把早已脱离野外生活习性，在失去自由环境中娇生惯养，宛如闺阁小姐那样的金丝雀和野鸟一起放生，这样的行为当然十分愚蠢，也十分残酷。

“亚历山大·尼古拉耶维奇立志要弄清一件事：能否使金丝雀恢复在长期的牢笼生活中丧失的本能。他把笔直平整的横梁换成普通的树枝，不再给它们的食具里放精粮，开始直接在笼底投放饲料，往笼子的缝隙里塞燕麦、赤杨的球花、没有去壳的大麻子、虉（yì）草籽。总而言之，他不再向金丝雀提供幽居生活中任何舒适的条件。初飞的小鸟（亚历山大·尼古拉耶维奇正是在年轻的小鸟身上做实验的）只能一开始就练习使用自己的喙、脚趾和腿脚，用各种方式停在歪歪扭扭的树枝上，伸长了脖子去够食物，用自己的喙从缝隙里叼出谷粒，脱去外皮。到夏季临近的时候，不再给小鸟夫妇提供绳编的现成小窝，而是直接在笼子里给它们放上柔韧的小草、细细的草根、草茎、马鬃毛、棉花——只供应它们筑巢的优质建筑材料。

“结果呢？在实验中，年轻的金丝雀夫妇出色地为自己编织了小窝，跟野生的金丝雀在自己的故乡加那利群岛上编织的小窝丝毫不差。这就说明，鸟类适应新生活条件的能力有多强，即使经过几百代，对自由的生活——需要自己负责任的生活——已经陌生的鸟类也是如此。

“应当认为，在我们这儿出生，由我们的红色林中金丝雀、黄雀、金翅雀养育的金丝雀完全能够习惯‘神秘乡’的生活，成为我们这儿的土著鸟类。”

“说得对！”科尔克大声说道，“为了使它们不丢掉自己的技艺，不失去唱歌的本领，我们作为它们俘虏生涯中的亲人，在夏季要把关有优秀雄金丝雀的笼子挂到林子里，让它们向笼子里的鸟儿学习，把歌声记在心里！要知道鸣禽的模仿能力是很强的。说不定我们的黄雀也开始像金丝雀那么唱歌呢！这样就会有‘神秘乡’的林中大合唱了！”

“同学们！”米提醒大家，“我们今天在这儿聚会可是为了庆祝我们的俱乐部成立一周年。请把茶端上桌！有请我们的俱乐部主任到桌前来主持庆典并讲话。”

“朋友们！”待大家都落座后塔里·金说道，“听到我们的少年哥伦布们发现了自己的美洲，那里充满现在、过去和未来的奇迹，

是多么令人高兴。属于现在的是我们在那里有了那么一些意外的小发现，例如美洲的居民麝鼠，海滨的跋涉者翻石鹬，带蜜的林荫树。属于过去的是普罗尔瓦湖地狱般的空洞，它差点儿使我们四个人搭进性命。属于未来的是我们祖国出色的新歌手——来自遥远的加那利群岛的移民。

“请允许我在未来的问题上说几句。你们打算在‘神秘乡’驯化金丝雀，这是件好事，一个理想！只是请注意了，请留意观察，周密思考，别连头带脚一个猛子扎进水里。请回想一下我们上一次会议——化装模拟法庭上的情况。毁灭自己的是什么也不懂，什么生命都不爱的人。最容易做的事是摧毁、杀戮。做这件事既不要爱，也不要知识。在一团漆黑的无知中隐藏着仇恨，隐藏着恐惧，也隐藏着死神本身。我们的先辈们曾觉得森林是多么可怕！‘森林就是幽灵，住进森林，死神立马降临。’于是我们的先民把神秘的精灵，残暴的神灵请进森林、河流、天空，千方百计向它们为自己赎身，向它们贡献牺牲，人的牺牲……为了摆脱暗无天日的恐惧，他们摧毁了森林。于是也毁灭了自己——沙漠步步逼近了。

“建设、创造美好的东西要困难得多。‘美好的东西是很难得到的’，古代一位哲人这样说过。森林是美好的，应当珍惜它。如果要改造那里的生命，就要怀着爱和对事物深刻的认识去改造。

“现在，你们想给我们的森林创造前所未有的出色歌手。也许你们会做到这一点，做到给森林加进一个歌喉和一场和谐的森林大合唱，给纸牌小屋的建筑添加一张纸牌。我是说也许，但这中间要有精细的谋划和爱心的热情关注。

“然而，事情并不那么简单。说是要让我们这里的鸟从蛋中孵出金丝雀的幼鸟，然后鸟儿们会就地哺育小鸟并传授给它们在我们的地域里顺利生活所必要的一切本领。这里就产生出许多令人惊恐不安的问题。是呀，亚历山大·尼古拉耶维奇证实了在鸟笼里年轻的金丝雀能够返回所谓的原始状态：学会用喙从谷皮中啄出谷实，编织小窝。但是不知道在我们严酷的北方森林里，在不仅我们也包括它们自己都不清楚的地方，它们是否能觅得合适的食物？

“不知在秋季我们的年轻金丝雀是否穿得够暖和，以便能忍受我们的严冬，或者说是否有足够的力量发展迁徙的本能，以便能飞完前往越冬地的遥远征途。要知道在热带，它们整个种族的原有故乡，是永恒的夏季。

“不知在我们的地域出生的金丝雀是否能迅速恢复保护自己免遭许多敌害的本能，或者它们在遇见鹞鹰时是否只会用双腿蹲着不动，就如在笼子里遇见危险时蹲在横梁上那样。

“再说，由于实验将在不可控的环境中进行，很难预料它的结果，不知每一只小金丝雀会发生什么事。因此，如果这个驯化实验开始时在实验室的范围大规模进行，也许会更好。在某一个全部用网围住的花园或养鸟场对许多年轻金丝雀做试验。野化后的年轻金丝雀也许不得不在人的住处附近觅食，谁知道呢。

“还应当注意的是，雄金丝雀异乎寻常的悠长歌声，你们如此赞美的歌声是人为教育的产物，是文化的产物。有这么一个笑话：一个英国别墅的花园里有一块草坪，一个美国亿万富翁从未见过那么平整、茂盛的草坪，这使他赞不绝口。富翁叫来园丁，问他要在美国自己家里培育同样的草坪，该怎么办。

“‘很简单，’园丁回答说，‘从我们这儿买十便士的草籽，将它们撒在自己地里，然后花300年时间把它修剪得整整齐齐，照料它，直到它变得和在英国一样。’

“300年间，人类一代一代地在雄金丝雀身上发展它的音乐天赋，把它们的笼子挂到歌声优美的雄金丝雀和其他鸟儿的笼子边。一代一代的雄金丝雀不断地完善自己的歌声，一方面模仿老一辈的演技，另一方面在这项演技中加入自己的发挥。这中间通过模仿获得的是什么，通过继承传递的又是什么，这是个复杂的问题。但是请相信，如果没有‘学习’，没有‘教育’，任何一只野化、在森林里长大的雄金丝雀都不可能唱得像现在我们冬天房间里的这位歌手那么好。所以，科尔克把关有雄金丝雀的笼子挂到森林里的想法是很有趣的。

“亚历山大·尼古拉耶维奇在科尔图什的金丝雀通过敞开的窗户听到田野的云雀和林鹨（liù）的歌声，就把它们歌曲中完整的音乐语言编进自己的歌曲。野生的鸣禽由于会模仿，便开始学习自己

笼子里的同伴。年轻的鸟儿就像猴子，这种能力是天生的。

“因此如果人和自然和谐相处，不去破坏它的规律和计划，不对它胡作非为，而是按大自然母亲的指引前进，那么他就在创造美，创造美好的东西，创造生气蓬勃的东西，而不是创造明天注定要死亡并危害人本身的东西。

“你们要知道，关于在‘神秘乡’驯化金丝雀的问题上，生活本身就在向你们迎面走来。金丝花雀——正是被人培养成金丝雀的那种小鸟——早就开始在北方和东方繁殖。从前它生活在加那利群岛、在非洲、在地中海沿岸，可是在20世纪一些离群的成对鸟开始越来越近地向我们这边筑巢栖息。金丝花雀已经迁居到更靠波罗的海北部的岸边：立陶宛、拉脱维亚，甚至爱沙尼亚，而更靠东边的则到了白俄罗斯。夏季它们在我们这里孵育幼鸟，到10月便结伴飞往南方，变成了候鸟。希望我们这儿培育的小小候鸟，从‘神秘乡’飞往南方越冬的金丝雀，会跟随它们远走高飞，春季又重新回到我们这儿。这样我们就将给祖国培养一位美好的歌手，它未经我们善意的干扰，也许还要过几百年，甚至几千年才会来到我们这里。

“就如我们的诗人所说，在发现崭新的——永远崭新的世界的时候，在研究‘神秘乡’和揭示它的秘密的时候，我们少年哥伦布们正在接近美好的未来。我们的行星上这样的哥伦布越多，他们越坚定不移地去热爱地球、研究地球、揭开地球的谜底，蒙在地球身上的那层愚昧无知的迷雾就会越快消散，对所有生灵来说，那阳光灿烂的幸福早晨就会越快来到他的上头。

“请允许我借拉甫在俱乐部开幕式上发表的祝酒词结束我的简短发言：

哥伦布们万岁，
还有永久崭新的世界。
向它敬礼，再敬礼！
那求知的眼睛和头脑，
我们要珍惜它一百年。

“祝愿哥伦布俱乐部的全体成员在行将到来的新森林年里，在‘神秘乡’发现100个新问题、新谜语和新秘密！”

少年哥伦布们在喝了令人心情激荡的茶水，吃了令人兴奋的冰激凌以后，就分手各自回家，他们仍然在热烈地讨论着自己未来的研究和发现计划。

附录　答案

附录1　射靶答案：检查你的答案是否中靶

竞赛十

1. 从12月21日开始。

2. 猫的脚印，因为猫走路时把脚爪缩起来了。

3. 水獭和水貂，因为它们会把鱼儿吃光。

4. 不生长，因为休眠。

5. 因为刚下过雪的地面上足迹是新鲜的，无论你顺着什么足迹走，总能找到野兽。

6. 黑琴鸡、山鹑和花尾榛鸡。

7. 在田野里穿白色——接近雪的颜色，在森林里穿灰色，因为在森林里冬季也有绿色植物，白色和其他颜色太显眼。

8. 因为在奔跑时兔子把长长的后腿向前甩。

9. 不筑巢也不孵小鸟。

10. 黑琴鸡。

11. 丘鹬，因为它把喙深深地戳进土里去取食。

12. 伶鼬，因为食肉动物敏感的嗅觉忍受不了从伶鼬身上发出的强烈麝香味。

13. 熊。

14. 因为当它们攻击兔子时，一只爪子扎进了兔子背，另一只爪子竭力抓住树木或灌木的枝条。受惊的兔子往往用很大的力气奔逃，以至把死死抓住树枝的猫头鹰或鹞鹰撕成两半。

15. 子弹穿过身体，因为两行足迹旁边看得见两行血迹。

16. 下雪，刮暴风雪。

17. 狼。

18. 风，低风吹雪（低低地接近地面刮的风及由风吹起的雪）。

19. 严寒。

20. 严寒。

21. 冰。

22. 暴风雪。

23. 黑麦，燕麦，小麦。

24. 腌蘑菇。

竞赛十一

1. 小的。因为体型越大，体内产生的热量越多。从另一方面来看，暴露在外的身体表面越大，释放到空气中的热量也越多。大型动物身体的体积与身体的表面比，相对要大，而表面与体积比，相对要小。这就表明大型动物产生大量的热量，而释放到空气中的热量相对较少。而小型动物则相反。

2. 胖的。脂肪给冬眠的熊提供营养和热量。

3. 狼不像猫那样在伺伏中守候猎物，而是在奔跑中追赶猎物。

4. 冬季树木休眠，不吸收水分，所以冬季从树上砍下的木柴比较干燥。

5. 树木的年龄从树墩上一圈圈年轮的数量可以得知。

6. 因为猫捕捉猎物是从伺伏状态一跃而出的。它们应当使身体保持清洁，不发出气味，否则它们所要捕猎的对象会从远处嗅到它们的气味，就不会走近伺伏地点。

7. 因为在人的居所附近，它们容易找到食物。

8. 并不都是，一部分白嘴鸦留在我们这儿过冬。冬季在泔水坑边，在小树林里，在动物宿夜的地方，常可见乌鸦群中有一只或几只白嘴鸦。

9. 什么也不吃。冬季它睡觉。

10. 被从冬眠的洞穴赶出而再也不冬眠的熊。

11. 蝙蝠在树洞、缝隙、阁楼和屋檐下过冬。

12. 只有雪兔才会变白，灰兔仍然是灰色的。

13. 猛禽。

14. 交嘴鸟吃针叶树的种子，它们的身体里都渗透着松脂，松脂使身体保持不腐烂。

15. 树墩，上面盖着雪顶。

16. 雪。

17. 冬天一开门，一团团寒冷的空气就卷入屋内。

18. 冬季进入冬眠状态的熊、獾和其他野兽。

19. 缝毡靴：用猪鬃将麻线穿过皮鞋掌（牛皮的）和靴筒（羊皮、羊毛的）。

20. 猎人带猎狗去猎熊；如果没有猎狗，熊就可能把人压死。

21. 胡萝卜、芜菁。

22. 白菜。

23. 圆白菜。

24. 芜菁。

竞赛十二

1. 蝙蝠。

2. 从秋季开始就钻进用草或干树叶做的窝，一直睡觉。

3. 肉（参阅《森林报》第三期）。

4. 交嘴鸟。交嘴鸟用云杉和松树的种子喂养小鸟。

5. 益处。冬季山雀在树皮的缝隙和小孔中寻找藏在其中的昆虫、虫卵和幼虫，而且大量吞食。

6. 既无益也无害。冬季獾睡大觉。

7. 河乌。

8. 为了不让猫的爪子伸到窝里。

9. 许多昆虫、虾和其他节肢动物。它们的骨骼由称为“几丁质”的坚硬物质构成。

10. 通过外壳的孔呼吸。如果把鸡蛋涂上颜色或涂上稠密的胶水，那么空气就到达不了壳内，小鸡就会窒息而死。

11. 由于温度急剧变化，青蛙会死亡。

12. 麻雀在冬季和夏季体温一样。

13. 海豹在水中不呼吸。它在冰上为自己凿开了一个冰窟窿。
14. 在城市里。因为城市里的雪比较脏。
15. 白嘴鸦。
16. 冰窟窿。因为冰窟窿夜间会结冰。
17. 狼。
18. 窗户。因为窗户只有内侧会结冰。
19. 透过窗户的阳光。
20. 太阳。
21. 通向屋里的门吱吱响，就如夜莺在窝边叽叽叫。
22. 捕兽夹。
23. 兔子。
24. 森林。

附录2　公告："火眼金睛"称号竞赛答案

测试九

图1. 喜鹊留在雪地上的足迹。它在这儿跳跃过，把脚趾的印记留了下来。后来它用翅膀和尾巴拍打过雪地，飞了起来，飞走了。

图2. 雪兔和灰兔的足迹，很容易区别：雪兔的脚印是圆的，灰兔的脚印窄窄的，而且是拉长的。

图3. 雪兔在这儿吃得饱饱的。它啃食柳树灌木，在四周留下了肮脏的足迹，撒满了它的"粪蛋蛋"。

图4. 栎树。

图5. 柳树。

图6. 桦树。

图7. 梨树。

图8. 苹果树。

图9. 云杉。

图10. 槭（qì）树。

图11. 杨树。

图12. 榛树。

测试十

下面就是画在本期公告专栏中的足迹所讲述的故事。

在一个酷寒的冬夜，一只雪兔跳向一个草垛，偷吃干草。它在这儿吃得饱饱的，已经吃了好久，你看它踩出了多少脚印，留下了多少"粪蛋蛋"。

现在你看，一只狐狸从右边偷偷向它走来。它小心翼翼地蹑足

而行，躲躲闪闪地前进——就如猎人们所说，把自己逼近猎物的意图藏了起来。它的足迹和狗的足迹相似，但比较窄，而且笔直、均匀地连成链状的一条线。

但是，它偷偷逼近雪兔的伎俩未能如愿以偿——雪兔及时发现了它，急急忙忙地逃跑了。雪兔的足迹跳跃式地经过田野，通向森林的边缘。

狐狸也是蹦跳着横截过去，不让雪兔逃进森林。

然而不知为什么狐狸来了个急转弯，跑向一边，钻进了灌木丛。

雪兔却几乎已经跑到了森林边缘，可是突然消失了。它的足迹到这儿结束了，而且雪兔再也没露面，似乎钻进了地底下。

不对，如果雪兔钻进了地底下，那雪上该留有一个洞。在它的足迹蓦然中断的地方，雪上只有一处凹陷，里面有兔毛和血迹。而凹陷的两边有巨大的圆形翅膀在雪面上猛烈扑打的痕迹。

不难猜测，这是一只巨大的猫头鹰或雕鸮留下的痕迹。

猛禽抓住雪兔，用自己可怕的钩嘴啄了它一下，于是雪兔在猛禽的利爪中腾空飞入了森林。

现在清楚了，狐狸为什么要急转弯——猛禽就在它鼻子底下抓走了它的猎物。

我们祝贺所有根据足迹猜出这个惊心动魄的林中故事的读者获得下面的光荣称号：

神眼侦探。

本报编辑部

附录3　基塔·维里坎诺夫讲述的故事答案

米舒克奇遇记

亲爱的读者，在这篇故事中，你们将会赚到一大堆分数！大家都知道，对新年故事并不要求许多正确的说法，只要能扣人心弦并且有个好的结局就可以了。

第一，故事是从最普通的错误开始的，小熊在母熊的洞里到一月底二月初才生下来。米舒克怎么可能在新年前夜已经有了整整三个月的年龄呢？显然，故事的作者凭空虚构了自己故事的主人公——一头三个月大的小熊崽。这一点占两分。

第二，米舒克当然可能在林子里遇上松鼠。但是，冬天的松鼠难道是棕色的吗？大家都知道松鼠在冬季里是灰色的。这点也占两分。

第三，冬季里刺猬难道还满林子东游西荡？不是的，它在某个树根间的坑内，自己的草窝里睡觉。这点也占两分。

第四，米舒克扒开了雪，发现下面地上有鲜花和浆果。这件事是这样的：我们这儿雪下面有相当多常绿的植物，甚至有鲜花，而且整个冬季，直到开春，都保存着某些浆果，红莓苔子、越橘。这点也占两分。

第五，米舒克掉进了一个坑里，那里有越冬的蛇、青蛙和蛤蟆。首先，这些爬行类和两栖类动物从来不结成伙伴一起过冬；其次，它们在冬季冻僵得相当厉害，既不会发出"咝咝"的声音，也不会"呱呱"叫。这一点占两分。

第六，说田鼠住在盖着积雪的灌木丛的窝里，甚至还在冬季生小崽，这是对的。如果你们不信，请读读 A.H. 弗尔莫卓夫教授的著作《白雪做的盖被》。我以前也不知道这一点。这点占两分。

第七，在黑暗里鼻子对鼻子彼此相碰却互不相识，这对熊来说是不可能的。它们彼此相认不是靠眼睛，而是靠鼻子。请回忆一下《在篝火边》这篇故事（《森林报》第七期）中伊凡爷爷的那条盲犬。它不仅用鼻子感知兔子往哪儿逃跑，甚至还感觉得到自己前方路上的树木和树墩。这点占两分。

第八，轰隆！轰隆！雪天的乌云里会有闪电？嘿嘿！这一点也占两分。

第九，既然故事一开头就说来自村子里的任何声音，甚至无线电广播都传不到这里，那怎么会突然响起莫斯科的钟声呢？它离森林是那么远。谁没有发现这一点，就表明他没有专心阅读或倾听这个故事。这点占两分。

第十，冬季在沼泽地不会有鹤唳声，天空中也不会有云雀的歌声，原因很简单，它们不在我们这儿。它们是候鸟，到遥远的南方越冬去了。这点占两分。

至于说米舒克和熊妈妈重新爬进被破坏的洞穴，母熊又开始吸自己的爪子，现在只有最无知的人才相信熊在熊洞里只靠自己的爪子吸取营养的童话。他们不知道，躺在熊洞里的熊之所以爪子湿润，是因为它把爪子放在自己的鼻子跟前，在睡眠中对着它呼吸。对这么荒诞的说法，犯不着打分。

基塔·维里坎诺夫（真名：季特·马雷什金）

积累与运用

相关名言链接

岁寒，然后知松柏之后凋也。

——《论语》

天行有常，不为尧存，不为桀亡。

——荀子

春天百花盛开，夏天收割大忙，秋天果实累累，冬天舒适地坐在火炉旁。

——奥维德

研究自然是与名师交往，切不可轻视自然。

——阿加西斯

我对人权和动物权益一样重视，这也应是全体人类该有的共识。

——林肯

因寒冷而打战的人，最能体会到阳光的温暖。经历了人生烦恼的人，最懂得生命的可贵。

——惠特曼

生命，那是自然付给人类去雕琢的宝石。

——诺贝尔

动物档案

◎**动物一**

名字：交嘴鸟

习性：成群游荡，飞行速度快

形象：自由、开朗

相关故事情景再现：交嘴鸟是这样一种鸟，它在冬天一不怕冷，二不怕饿。长年可以在森林里见到一群群这样的小鸟。它们快乐地此呼彼应，从一棵树飞向另一棵树，从一座林子飞向另一座林子。它们终年过着居无定所的生活：今天在这里，明天在那里。

◎**动物二**

名字：河乌

习性：潜水能力强，能在水下取食

形象：不守常规

相关故事情景再现：它的羽毛上覆盖着薄薄的一层脂肪。当河乌潜入水中时，涂有脂肪层的羽毛中的空气变成了一个个气泡，就泛起了点点银光。河乌仿佛穿上了一件空气做的衣服，所以即使在冰冷的水中它也感觉不到冷。

◎**动物三**

名字：熊

习性：平时温和，打斗凶猛

形象：温和又凶悍

相关故事情景再现：深秋时节一头熊替自己在一个长满小云杉树的小山坡上选中了一块地方做洞穴。它用爪子扒下一条条窄小的云杉树皮，带进山坡上的土坑里，上面铺上柔软的苔藓。它把土坑周围的云杉从下部咬断，使它们倒下来在坑上方形成一个小窝棚，然后爬到下面安然入睡了。

冬之秘闻

◎积雪保温

我们在阅读时经常看到积雪对地表具有保温作用，就像给大地盖上了一条羽绒被。虽然雪是冰凉的，但积雪中会有很多小孔隙，这些小孔隙里充满了空气，空气的导热性很差，这就使得被雪覆盖的生物可以保存热量，不至于受寒风的摧残。基于这个道理，我们就能明白：积雪越厚，保温性越强；积雪越新，雪中孔隙越多，保温性就会越好。

◎树干结构

在阅读中，我们得知树木里含有糖和盐，这些物质与它的结构有关。树干一般分五层。从外往里数的第一层是树皮，是树干的表层，主要负责保护树干，防止病害入侵。第二层是韧皮部，主要把糖分从树叶上运送下来。第三层是形成层，这一层很薄，是树干的生长部分。第四层是边材，主要负责把水分从根部输送到树干各处。第五层是心材，这一层占树干的绝大部分体积。文中提到的糖和盐是在韧皮部中。

◎冬眠之谜

我们都知道许多动物在冬季要冬眠。冬眠又叫冬蛰，就是指冬天的休眠，一些动物对环境的变化非常敏感，冬季不利的外界环境需要它们去适应，在这期间，它们尽量调节自己，不活动、心跳减缓、体温下降、代谢降低，并且陷入昏睡状态。还有一些动物是因为自己的捕食对象都在冬眠，这导致它在冬季没有充足的食物供应，从而也选择冬眠，文中提到的大耳蝠就是这样一类冬眠动物。

读后感例文

《森林报·冬》读后感

马冠宇

在这周末我读完了《森林报·冬》，在我的脑海中，森林代表着生命与绿意，但在这本书中，森林表现出了另一番景象。维·比安基的《森林报·冬》向我描述了森林冬天的模样。

与《森林报》系列相遇，是很偶然的事情，它却陪我走过了森林的四季。在读完《森林报·冬》之后，有关森林的冒险之旅就要结束了，可书中的那些故事让我回味无穷……

我是见过森林的，却没有遇上森林的冬季。我无法想象没有绿色的森林是什么样子的，直到阅读了维·比安基的《森林报·冬》，我才知道冬季的森林，每棵树都有盔甲，保护着它撑过寒冷的天气；才知道在树的“血液”里还储备了盐和糖，用以抵抗严寒；才知道冬季也有绿色的植物，它们也可以开花……

在我所居住的城市里，冬天是寒冷无比的，有时候我甚至在想：若是将夏天与冬天的气温中和一下那该多好！而经过阅读维·比安基的《森林报·冬》我才知道：原来森林的冬季更加寒冷，这样的寒冷已经威胁到了生命，我真为那些没能安全度过寒冬的动植物感到惋惜与痛心。猎人们狩猎的场景令我感到惊心动魄，猎人们真的很聪明，那些稀奇古怪的狩猎工具是要经过多少次的实践经验才能制作出来的，在捕猎过程中的危险也需要很大勇气去面对。

这样的经历、这样的森林是我从未见过，也从未想象过的。白雪皑皑的世界一片沉寂，雪地之书的创作还在继续，模拟法庭的争论正式开启，经验丰富的猎人伺伏在雪地。自然在遵循着自己的规律向前推进，在不远的未来，终会拥抱美好的春季。

阅读思考记录表——科普类

评价你阅读的书籍，锻炼表达、归纳、总结、理解能力

书名	作者	阅读日期

感兴趣的月份	感兴趣的动物（植物）有哪些特点
____________ 用四个词语描述这个月份 ____________ ____________ ____________ ____________	
	这种动物（植物）有哪些益处或害处

简述本书令你印象深刻的故事	学到了哪些有趣的知识	这个故事里的知识你身边能接触到吗	想更深入了解的知识

请描述生活中你感兴趣的一种动物（植物）

你都记住了哪些森林里的小知识？试着写一下

中小学生阅读指导丛书

第　一　辑	
001	安徒生童话
002	格林童话
003	稻草人
004	中国古代寓言
005	克雷洛夫寓言
006	伊索寓言
007	中国古代神话
008	世界经典神话与传说故事
009	十万个为什么
010	细菌世界历险记：灰尘的旅行
011	爷爷的爷爷哪里来：人类起源的演化过程
012	穿过地平线：看看我们的地球
013	中国民间故事：田螺姑娘
014	欧洲民间故事：聪明的牧羊人
015	非洲民间故事：曼丁之狮
016	西游记
017	水浒传
018	红楼梦
019	三国演义
020	童年
021	爱的教育
022	小英雄雨来
023	鲁滨逊漂流记
024	爱丽丝漫游奇境
025	汤姆·索亚历险记
026	骑鹅旅行记
027	小学生必背古诗词75+80首

第　二　辑	
028	朝花夕拾
029	骆驼祥子
030	海底两万里
031	红星照耀中国
032	昆虫记
033	钢铁是怎样炼成的
034	给青年的十二封信
035	名人传
036	艾青诗选
037	泰戈尔诗选
038	唐诗三百首
039	儒林外史
040	简·爱
041	格列佛游记
042	契诃夫短篇小说选
043	我是猫
044	城南旧事
045	呼兰河传
046	繁星·春水
047	寄小读者
048	小橘灯
049	假如给我三天光明
050	福尔摩斯探案集
051	八十天环游地球
052	地心游记
053	老人与海
054	论语

中小学生阅读指导丛书

第三辑	
055	中国传统节日故事
056	中华上下五千年
057	中外名人故事
058	中外民间故事
059	中外神话传说
060	成语故事
061	四大名著知识点一本全
062	人间词话
063	雷锋的故事
064	吹牛大王历险记
065	小飞侠彼得·潘
066	列那狐的故事
067	野性的呼唤
068	木偶奇遇记
069	小鹿斑比
070	汤姆叔叔的小屋
071	绿山墙的安妮
072	长腿叔叔
073	安妮日记
074	神秘岛
075	海蒂
076	绿野仙踪
077	柳林风声
078	森林报·春
079	森林报·夏
080	森林报·秋
081	森林报·冬

第四辑	
082	小王子
083	蓝鲸的眼睛
084	最后一头战象
085	宝葫芦的秘密
086	没头脑和不高兴
087	笨狼的故事
088	俗世奇人：冯骥才文集
089	漫步中国星空
090	孔子的故事
091	鼹鼠的月亮船
092	草房子
093	大林和小林
094	狐狸打猎人
095	非法智慧
096	推开窗子看见你
097	一百个孩子的中国梦
098	童年河
099	汪曾祺散文
100	甲骨文的故事
101	可爱的中国
102	赵树理选集
103	我与地坛
104	突出重围
105	书的故事
106	九章算术
107	天工开物
108	趣味物理学